CAD/CAM 技术应用实例

主 编 梁钱华 宋远红 彭 博
副主编 周远非 黄清宇 朱仁伟
主 审 肖善华

北京理工大学出版社
BEIJING INSTITUTE OF TECHNOLOGY PRESS

版权专有　侵权必究

图书在版编目(CIP)数据

CAD/CAM 技术应用实例 / 梁钱华，宋远红，彭博主编. -- 北京：北京理工大学出版社，2023.12
ISBN 978-7-5763-3353-4

Ⅰ. ①C… Ⅱ. ①梁… ②宋… ③彭… Ⅲ. ①计算机辅助设计-应用软件 Ⅳ. ①TP391.72

中国国家版本馆 CIP 数据核字(2024)第 031885 号

责任编辑：张鑫星	**文案编辑**：张鑫星
责任校对：周瑞红	**责任印制**：李志强

出版发行 / 北京理工大学出版社有限责任公司
社　　址 / 北京市丰台区四合庄路 6 号
邮　　编 / 100070
电　　话 / (010) 68914026（教材售后服务热线）
　　　　　　 (010) 68944437（课件资源服务热线）
网　　址 / http://www.bitpress.com.cn

版 印 次 / 2023 年 12 月第 1 版第 1 次印刷
印　　刷 / 涿州市新华印刷有限公司
开　　本 / 787 mm×1092 mm　1/16
印　　张 / 14
字　　数 / 318 千字
定　　价 / 79.90 元

图书出现印装质量问题，请拨打售后服务热线，负责调换

前　言

CAD/CAM 技术是工程技术人员的必备知识和技能。UG 是一款功能强大的三维 CAD/CAM 系统软件，其内容涵盖了产品从概念设计、工业造型设计、三维模型设计、分析计算、动态模拟与仿真、工程图输出到生产加工成产品的全过程，应用范围涉及航空航天、船舶、汽车、机械、医疗和电子等诸多领域。UG 目前已成为国内外高校工程类专业的必修课程。

本书精选了多个实例和练习题，从简单到复杂，从单个知识的应用到多个知识的综合运用，逐步讲解实例操作的过程。本书所有实例均配有教学视频，且教学视频都配有语音。本书的所有视频和实例模型都可以从学银在线精品在线开放课程（http：//www.xueyinonline.com/detail/232665539）上观看和下载使用，让读者可以轻松地学习。建议学习本书的总课时为 64 学时，学习者也可以根据自身学习情况适当进行调整。在线开放课程还提供了更多的教学和练习案例，学习时不要贪多求全，否则欲速则不达。

本书将"理想·价值·人文精神"融入技能培养中，构建"安全规范精益求精专注创新"课程思政体系，每个任务都有一个对应的思政主题。结合"1+X"证书要求，重点强调安全规范，树立"敬畏生命、敬畏规章"的安全意识，唤起学生质量意识。讲好基层机械工程领域榜样人物故事，将个人的小梦想与装备制造产业的大未来紧紧联系在一起，树立为国家装备制造事业奋斗的理想。

本书包括 UG NX 12.0 CAD/CAM 两部分 7 个学习情境的内容。CAD 部分包括软件认知、草图绘制、三维建模、曲面曲线、装配设计和工程制图 6 个学习情境；CAM 部分主要介绍了支架加工工艺设计及三轴 CNC 程序编制的全过程。

成都工业职业技术学院梁钱华、宋远红、周远非、彭博、黄清宇、朱仁伟参与了本书的编写以及教学视频的制作，全书内容统筹由梁钱华教授完成，宋远红副教授负责统稿。成都威诺精密机械有限公司为本书提供了部分实例和编写建议，宜宾职业技术学院肖善华教授对本书进行了全面审核，在此，对本书有帮助的所有学者一并致谢。本书获得 2021 年四川省教育厅教育科研经费支持。

由于时间仓促、编者水平有限，书中难免会有疏漏之处，敬请广大读者批评指正。

编　者

教材配套在线开放课程

目 录

学习情境 1　认识 UG NX 12.0 ·· 1

情境提要 ·· 1
学习目标 ·· 1
任务 1.1　UG NX 12.0 工作环境设置 ·· 3
　　一、任务要求 ·· 3
　　二、任务分析 ·· 3
　　三、任务计划 ·· 3
　　四、任务实施 ·· 4
　　五、任务评价 ·· 12
任务 1.2　三重四方套的制作 ·· 13
　　一、任务要求 ·· 13
　　二、任务分析 ·· 13
　　三、任务计划 ·· 14
　　四、任务实施 ·· 15
　　五、任务评价 ·· 18

学习情境 2　草图绘制 ··· 19

情境提要 ·· 19
学习目标 ·· 19
任务 2.1　瓢虫草图绘制 ·· 21
　　一、任务要求 ·· 21
　　二、任务分析 ·· 21
　　三、任务计划 ·· 21
　　四、任务实施 ·· 23
　　五、任务评价 ·· 26
任务 2.2　吊钩草图绘制 ·· 27
　　一、任务要求 ·· 27
　　二、任务分析 ·· 27
　　三、任务计划 ·· 27
　　四、任务实施 ·· 29

　　　　五、任务评价 ··· 32
任务 2.3　盖板草图绘制 ··· 33
　　　　一、任务要求 ··· 33
　　　　二、任务分析 ··· 33
　　　　三、任务计划 ··· 33
　　　　四、任务实施 ··· 35
　　　　五、任务评价 ··· 38

学习情境 3　实体建模 ·· 39

情境提要 ··· 39
学习目标 ··· 40
任务 3.1　套筒扳手建模 ··· 41
　　　　一、任务要求 ··· 41
　　　　二、任务分析 ··· 41
　　　　三、任务计划 ··· 42
　　　　四、任务实施 ··· 43
　　　　五、任务评价 ··· 47
任务 3.2　传动轴建模 ·· 48
　　　　一、任务要求 ··· 48
　　　　二、任务分析 ··· 48
　　　　三、任务计划 ··· 49
　　　　四、任务实施 ··· 50
　　　　五、任务评价 ··· 55
任务 3.3　雪糕杯建模 ·· 56
　　　　一、任务要求 ··· 56
　　　　二、任务分析 ··· 56
　　　　三、任务计划 ··· 56
　　　　四、任务实施 ··· 57
　　　　五、任务评价 ··· 62
任务 3.4　通气塞建模 ·· 63
　　　　一、任务要求 ··· 63
　　　　二、任务分析 ··· 63
　　　　三、任务计划 ··· 63
　　　　四、任务实施 ··· 65
　　　　五、任务评价 ··· 69
任务 3.5　电吹风外壳建模 ·· 70
　　　　一、任务要求 ··· 70
　　　　二、任务分析 ··· 70
　　　　三、任务计划 ··· 70

四、任务实施 ………………………………………………………………… 72
　　五、任务评价 ………………………………………………………………… 75
　任务 3.6　话筒建模 ……………………………………………………………… 76
　　一、任务要求 ………………………………………………………………… 76
　　二、任务分析 ………………………………………………………………… 76
　　三、任务计划 ………………………………………………………………… 77
　　四、任务实施 ………………………………………………………………… 78
　　五、任务评价 ………………………………………………………………… 82

学习情境 4　曲面建模 …………………………………………………………… 83

　情境提要 …………………………………………………………………………… 83
　学习目标 …………………………………………………………………………… 84
　任务 4.1　饮料罐的建模 ………………………………………………………… 85
　　一、任务要求 ………………………………………………………………… 85
　　二、任务计划 ………………………………………………………………… 85
　　三、任务实施 ………………………………………………………………… 86
　　四、任务评价 ………………………………………………………………… 91
　任务 4.2　足球的建模 …………………………………………………………… 92
　　一、任务要求 ………………………………………………………………… 92
　　二、任务分析 ………………………………………………………………… 92
　　三、任务实施 ………………………………………………………………… 92
　　四、任务评价 ………………………………………………………………… 97

学习情境 5　装配设计 …………………………………………………………… 98

　情境提要 …………………………………………………………………………… 98
　学习目标 …………………………………………………………………………… 98
　任务 5.1　虎钳装配设计 ………………………………………………………… 100
　　一、任务要求 ………………………………………………………………… 100
　　二、任务分析 ………………………………………………………………… 105
　　三、任务计划 ………………………………………………………………… 105
　　四、任务实施 ………………………………………………………………… 106
　　五、任务评价 ………………………………………………………………… 114

学习情境 6　工程制图 …………………………………………………………… 115

　情境提要 …………………………………………………………………………… 115
　学习目标 …………………………………………………………………………… 115
　任务 6.1　转向接头工程图的绘制 ……………………………………………… 117
　　一、任务要求 ………………………………………………………………… 117
　　二、任务分析 ………………………………………………………………… 117

三、任务计划 ······ 118
　　四、任务实施 ······ 118
　　五、任务评价 ······ 122
任务6.2　传动轴工程图的绘制 ······ 123
　　一、任务要求 ······ 123
　　二、任务分析 ······ 123
　　三、任务计划 ······ 124
　　四、任务实施 ······ 125
　　五、任务评价 ······ 132
任务6.3　连杆工程图的绘制 ······ 133
　　一、任务要求 ······ 133
　　二、任务分析 ······ 133
　　三、任务计划 ······ 133
　　四、任务实施 ······ 135
　　五、任务评价 ······ 137

学习情境7　零件铣削工艺及程序编制 ······ 138

情境提要 ······ 138
学习目标 ······ 139
任务7.1　支架的工艺规划 ······ 142
　　一、任务要求 ······ 142
　　二、任务分析 ······ 142
　　三、任务计划 ······ 142
　　四、任务实施 ······ 143
　　五、任务评价 ······ 155
任务7.2　工序一程序编制 ······ 156
　　一、任务要求 ······ 156
　　二、任务分析 ······ 156
　　三、任务计划 ······ 156
　　四、任务实施 ······ 157
　　五、任务评价 ······ 179
任务7.3　工序二程序编制 ······ 180
　　一、任务要求 ······ 180
　　二、任务分析 ······ 180
　　三、任务计划 ······ 180
　　四、任务实施 ······ 181
　　五、任务评价 ······ 186
任务7.4　支架工序三程序编制 ······ 187
　　一、任务要求 ······ 187

二、任务分析 ··· 187
　　三、任务计划 ··· 187
　　四、任务实施 ··· 188
　　五、任务评价 ··· 193
任务 7.5　支架工序四、工序五程序编制 ·· 195
　　一、任务要求 ··· 195
　　二、任务分析 ··· 195
　　三、任务计划 ··· 195
　　四、任务实施 ··· 196
　　五、任务评价 ··· 202

附录 ··· 203

学习情境 1　认识 UG NX 12.0

情境提要

CAD/CAM 技术是一项计算机与工程应用紧密结合的先进实用技术，可大大提高产品开发效率和设计质量，缩短产品开发周期，是当今企业产品设计开发不可或缺的工具。

所谓 CAD/CAM 集成技术，是指在 CAD（Computer Aided Design，计算机辅助设计）、CAE（Computer Aided Engineering，计算机辅助工程分析）、CAPP（Computer Aided Process Planning，计算机辅助工艺设计）、CAM（Computer Aided Manufacturing，计算机辅助制造）等各个单元系统之间进行信息的自动传递和转换的技术。集成化的 CAD/CAM 系统是借助于数据库技术、网络技术以及产品数据交换接口技术，把分散于机型各异的各个计算机辅助单元系统高效快捷地集成起来，实现资源的共享，保证整个设计系统的信息流畅通无阻。

UG NX 作为一款强大的计算机辅助设计软件，集 CAD/CAE/CAM 功能于一体，覆盖了从概念设计到产品生产的全过程，被广泛应用于汽车、航空、造船、医疗器械、模具加工和电子等工业领域，越来越受到我国工程技术人员的青睐。

本学习情境介绍了 UG NX 12.0 软件的基本设置，这些设置对于提高学习软件的效率非常重要。本学习情境还介绍了三重四方套的建模，通过以上任务的完成，读者可以熟悉软件界面，了解建模的思想和方法，学会利用长方体、圆柱体、球体等基本体素对一些较规则的产品进行建模。

学习目标

本情境对标《机械产品三维模型设计职业技能等级标准》知识点：

（1）初级能力要求 1.1.1 熟悉三维元素形态及三维空间表达，能够表达基础几何元素。

（2）初级能力要求 1.1.2 熟悉零件建模的国家标准，能够查阅相关资料。

（3）初级能力要求 1.1.3 依据几何形体的特征，能确定零件的设计方式。

（4）初级能力要求 1.1.4 能完成简单零件的基本几何体的设计。

（5）初级能力要求 1.1.5 能理解计算机视觉表达中材质、环境、灯光、渲染等概念，能进行数字产品的视觉表达。

（6）初级能力要求 1.2.1 根据分析零件结构特征的方法，能正确选用合适的布尔运算方式。

知识目标：

知道 UG NX 12.0 各模块功能。

技能目标:
(1) 会设置 UG NX 12.0 工作环境;
(2) 会 UG NX 12.0 的基本操作;
(3) 能使用 UG NX 12.0 进行基本体素建模。

素质目标:
(1) 了解国家相关政策,关注行业发展状况,树立"四个自信";
(2) 培养团队协作能力,养成经常自我总结与反思的好习惯。

任务1.1　UG NX 12.0 工作环境设置

一、任务要求

本任务主要完成 UG NX 12.0 软件工作界面的认识与定制，主要包括以下内容：

（1）学习 UG NX 12.0 软件启动。
（2）认识 UG NX 12.0 工作界面。
（3）定制 UG NX 12.0 用户界面。
（4）鼠标基本操作。
（5）快捷键操作。
（6）首选项设置。

二、任务分析

为了正常使用 UG NX 12.0 软件，同时也为了方便读者学习，在学习和使用 UG NX 12.0 软件前，需要对软件进行一些必要的设置，这些设置对于提高学习软件的效率非常重要。

三、任务计划

请同学们根据任务要求，结合任务分析讯息，制定一份关于任务实施的计划书，并将相关信息填写在表1.1中。

表1.1　任务实施计划书

任务名称	
小组分工	
任务流程图	
任务指令或资源信息	
注意事项	

四、任务实施

UG NX 12.0 工作环境设置如表 1.2 所示。

表 1.2 UG NX 12.0 工作环境设置

操作内容及说明	图示
1. 启动软件 通常有以下两种方法启动并进入 UG NX 12.0 软件环境。 方法一：双击 Windows 桌面上的 NX 12.0 软件的快捷图标 。 说明：若软件安装完毕后，桌面上没有软件快捷图标，请采用方法二启动软件。 方法二：从 Windows 系统"开始"菜单进入 UG NX 12.0，如图 1 所示，操作方法如下： Step1：单击 Windows 桌面左下角的开始按钮 。 Step2：选择"所有程序"→ Siemens NX 12.0 → NX 12.0 命令，进入 UG NX 12.0 软件环境	 图 1
2. UG NX 12.0 工作界面及定制 1）设置界面主题 一般情况下系统默认显示的是"浅色（推荐）"界面主题，该界面主题下软件中的部分字体显示较小，可更改为"经典，使用系统字体"界面主题，操作步骤如下： Step1：单击界面左上角的 文件(F) 按钮。 Step2：选择下拉菜单【首选项】→【用户界面】，打开"用户界面首选项"对话框，如图 2 所示。 Step3：在"用户界面首选项"对话框中单击【主题】选项组，在右侧【类型】下拉列表中选择【经典，使用系统字体】选项，再单击【确定】，完成设置。 2）认识工作界面 任意打开一个已保存的模型文件。 UG NX 12.0 的"经典，使用系统字体"用户界面包括标题栏、下拉菜单区、快速访问工具条、功能区、消息区、图形区、部件导航器区及资源工具条区，如图 3 和图 4 所示	图 2  图 3

续表

操作内容及说明	图示
（1）功能区。 功能区中包含"文件"下拉菜单和命令选项卡。命令选项卡显示了 UG 中的所有功能按钮，并以选项卡的形式进行分类。用户可以根据需要，自己定义各功能选项卡中的按钮，也可以自己创建新的选项卡，将常用的命令按钮放在自定义的功能选项卡中。注意：有些菜单命令和按钮处于灰色非激活状态，这是因为它们目前还没有处在发挥功能的环境中，一旦它们进入有关的环境，便会自动激活。 （2）下拉菜单区。 下拉菜单区中包含创建、保存、修改模型和设置 UG NX 12.0 环境的所有命令。 ※所有命令还可以通过【命令查找器】，输入关键词搜索匹配项查找，如图 5 所示。 （3）资源工具条区。 资源工具条区包括"装配导航器""约束导航器""部件导航器""重用库""历史记录"等导航工具，如图 6 所示。用户通过该工具条可以方便地进行一些操作。对于每一种导航器，都可以直接在其相应的项目上右击，快速地进行各种操作。资源工具条区主要选项的功能说明如下： • "装配导航器"显示装配的层次关系。 • "约束导航器"显示装配的约束关系。 • "部件导航器"显示建模的先后顺序和父子关系。 • "重用库"可以直接从库中调用标准零件。 • "历史记录"可以显示曾经打开过的部件。 （4）消息区。 执行有关操作时，与该操作有关的系统提示信息会显示在消息区。消息区中间有一条可见的边线，左侧是提示栏，用来提示用户如何操作；右侧是状态栏，用来显示系统或图形当前的状态。执行每个操作时，系统都会在提示栏中显示用户必须执行的操作，或者提示下一步操作。对于大多数的命令，用户都可以利用提示栏提示来完成操作	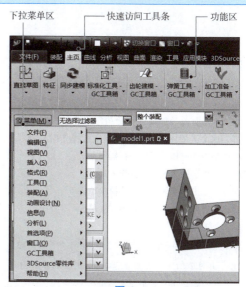 图 4  图 5  图 6

续表

操作内容及说明	图示
(5) 图形区。 图形区是UG NX 12.0用户主要的工作区域，建模的主要过程、绘制前后的零件图分析结果和模拟仿真过程等都在这个区域内显示。用户在进行操作时，可以直接在图形中选取相关对象进行操作。 同时还可以选择多种视图操作方式： 方法一：右击图形区，弹出快捷菜单。 方法二：按住右键，弹出挤出式菜单。 (6) "全屏"按钮。 在UG NX 12.0中单击"全屏"按钮 ▢ ，图形窗口最大化，如图7所示。在最大窗口模式下再次单击"全屏"按钮 ▢ ，即可切换到普通模式。 3) 选项卡及菜单的定制 进入UG NX 12.0系统后，在建模环境下选择下拉菜单【工具】→【定制】，系统弹出"定制"对话框，如图8所示，可对用户界面进行定制。	 图7 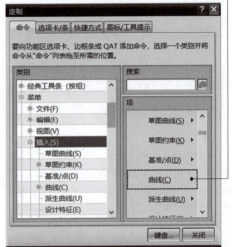 图8
(1) 在下拉菜单中定制（添加）命令。 在图8所示的"定制"对话框中单击【命令】选项卡，即可打开定制命令的选项卡。通过此选项卡可以将各类命令添加到下拉菜单中。下面以下拉菜单【插入】→【曲线】→【矩形】为例说明定制过程。 Step1：在图9所示的【类别】列表框中选择按钮的种类【菜单】节点下的【插入】，在下拉列表中出现该种类的所有按钮。 Step2：右击【曲线】选项，在系统弹出的快捷菜单中选择【添加或移除按键】→【矩形】命令，如图9所示。 Step3：单击【关闭】按钮，完成设置。 Step4：选择下拉菜单【插入】→【曲线】命令，可以看到【矩形】命令已被添加。 ※"定制"对话框弹出后，可将下拉菜单中的命令添加到功能区中成为按钮，方法是单击下拉菜单中的某个命令，并按住鼠标左键不放，将鼠标指针拖到屏幕的功能区中	 图9

续表

操作内容及说明	图示
(2) 选项卡设置。 在图10所示的"定制"对话框中单击【选项卡/条】选项卡,即可打开选项卡定制界面。通过此选项卡可以将各类选项卡放在屏幕的功能区。下面以进行逆向设计的选项卡为例说明定制过程。 Step1:勾选中【逆向工程】复选框,此时可看到"逆向工程"选项卡出现在功能区。 Step2:单击【关闭】按钮。 Step3:添加"选项卡"命令按钮。单击选项卡右侧的向下箭头按钮,系统会显出【逆向工程】选项卡中所有的功能区域及其命令按钮,单击任意功能区域或命令按钮都可将其从选项卡中添加或移除。	 图10
(3) 快捷方式设置。 在"定制"对话框中单击【快捷方式】选项卡,可以对快捷菜单和挤出式菜单中的命令及布局进行设置,如图11所示。	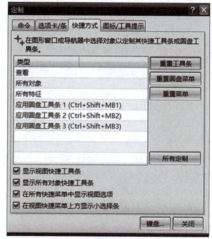 图11
(4) 图标和工具提示设置。 在"定制"对话框中单击【图标/工具提示】选项卡,可以对菜单的显示、工具条图标大小,以及菜单图标大小进行设置,如图12所示。 工具提示是一个消息文本框,对用户鼠标指示的命令和选项进行提示。将鼠标放置在工具中的按钮或者对话框中的某些选项上,就会出现工具提示,如图13所示	 图12

续表

操作内容及说明	图示
4）角色设置 角色指的是一个专用的 UG NX 工作界面配置，不同角色中的界面主题、图标大小和菜单位置等设置可能都不相同。根据不同使用者的需求，系统提供了几种常用的角色配置，如图 14 所示。"CAM 高级功能"角色设置方法为：在软件的资源条区单击【角色】按钮，然后在【内容】区域中单击【CAM 高级功能】按钮即可。 读者可以根据自己的使用习惯，对界面进行配置后，保存为一个角色文件，这样可以很方便地在本机或其他计算机上调用。 自定义角色的操作步骤如下： Step1：根据使用习惯定制工作界面。 Step2：选择下拉菜单【首选项】→【用户界面】，如图 15 所示，打开图 16 所示的"用户界面首选项"对话框，在对话框的左侧选择【角色】选项。 Step3：保存角色文件。在对话框中单击【新建角色】按钮，系统弹出"新建角色文件"对话框，在【文件名】区域中输入"MyRole"，单击【OK】按钮完成角色文件的保存。 ※如果要加载现有的角色文件，在"用户界面首选项"对话框中单击【加载角色】按钮，然后在"打开角色文件"对话框选择要加载的角色文件，再单击【OK】按钮即可	 图 13  图 14  图 15  图 16
3. 基本操作及快捷键 1）基本鼠标操作 用鼠标不但可以选择某个命令、选取模型中的几何要素，还可以控制图形区中的模型进行缩放和移动，这些操作只是改变模型的显示状态，却不能改变模型的真实大小和位置。 ● 按住鼠标中键并移动鼠标，可旋转模型。 ● 先按住键盘上的 Shift 键，然后按住鼠标中键，移动鼠标可移动模型。 ● 滚动鼠标中键滚轮，可以缩放模型：向前滚，模型变大；向后滚，模型变小	

续表

操作内容及说明	图示
UG NX 12.0中鼠标中键滚轮对模型的缩放操作可能与早期的版本相反。若要更改缩放模型的操作方式，可以采用以下方法： Step1：选择下拉菜单【文件】→【实用工具】→【用户默认设置】，如图17所示，打开如图18所示的"用户默认设置"对话框。 Step2：在对话框左侧单击【基本环境】选项，然后单击【视图操作】选项，在对话框右侧【视图操作】选项卡【鼠标滚轮滚动】区域的【方向】下拉列表中选择，如图18所示。 Step3：单击【确定】按钮，重新启动软件，即可完成操作。 2）快捷键操作 在UG NX中，除了鼠标操作外，还可以使用键盘快捷键来执行一些操作。在设计过程中使用快捷键，能够提高工作效率。快捷键在下拉菜单命令的右侧均有显示，部分常用的快捷键及功能见本书命令附件表。 用户也可以根据需要自己定义快捷键。例如，将"新建文件"操作（Ctrl+N）的快键调整为Alt+N，方法如下： Step1：在建模环境下，选择下拉菜单【工具】→【定制】，系统弹出"定制"对话框，单击【键盘】按钮，系统弹出如图19所示的"定制键盘"对话框。 Step2：在"定制键盘"对话框的【类别】区域中选择【文件】选项，在【命令】列表中选择【新建】选项，单击【按新的快捷键：】下方的文本框，在键盘上按Alt+N，单击【指派】按钮，然后关闭所有对话框。 Step3：验证快捷键是否指派成功	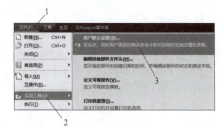 图17  图18 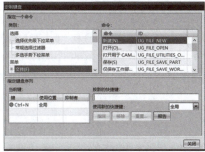 图19
4. 参数设置 主要用于设置系统的一些控制参数，通过【首选项】下拉菜单可以进行参数设置。 注意：进入不同的模块时，在预设置菜单上显示的命令有所不同，且每一个模块还有其相应的特殊设置，下面介绍建模模块常用设置： 1）"对象"首选项 选择下拉菜单【首选项】→【对象】，系统弹出"对象首选项"对话框，如图20所示。该对话框主要用于设置对象的属性，如颜色、线型和线宽等（新的设置只对以后创建的对象有效，对以前创建的对象无效）。 图20所示的"对象首选项"对话框中包括【常规】【分析】【线宽】选项卡	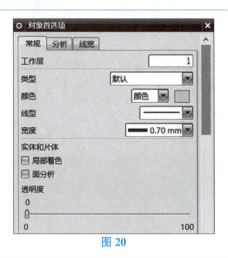 图20

学习情境1　认识UG NX 12.0　9

续表

操作内容及说明	图示
2)"建模"首选项 选择下拉菜单【首选项】→【建模】，系统弹出如图21所示的"建模首选项"对话框。该对话框中的选项卡主要用来设置建模、分析和仿真等模块的相关参数。	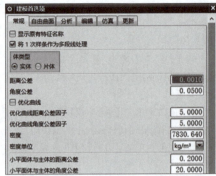 图 21
3)"选择"首选项 选择下拉菜单【首选项】→【选择】，系统弹出"选择首选项"对话框，如图22所示，主要用来设置光标预选对象后，选择球大小、高亮显示的对象、尺寸链公差和矩形选取方式等选项。 "选择首选项"对话框中主要选项的功能说明如下： 【选择规则】下拉列表：设置矩形框选择方式。 • ☑高亮显示滚动选择 复选框：用于设置预选对象是否高亮显示。当选择该复选框，选择球接触到对象时，系统会以高亮的方式显示，以提示可供选取。 • 选择半径 下拉列表，用于设置选择球的半径大小。	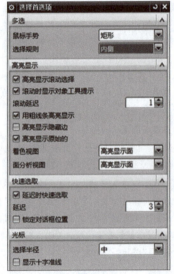 图 22
4)用户默认设置 在UG NX软件中，选择下拉菜单【文件】→【实用工具】→【用户默认设置】，系统弹出如图23所示的"用户默认设置"对话框，在该对话框中可以对软件中所有模块的默认参数进行设置	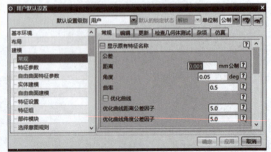 图 23

续表

操作内容及说明	图示
在"用户默认设置"对话框中单击"管理当前设置"按钮，系统弹出如图24所示的"管理当前设置"对话框，在该对话框中单击"导出默认设置"按钮，可以将修改默认设置保存为dpv文件；也可以单击"导入默认设置"按钮，导入现有的设置文件。为了保证所有默认设置均有效，建议在导入默认设置后重新启动软件	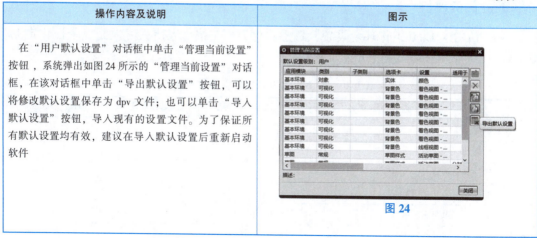 图24

请同学们根据任务实施计划书，结合以上操作步骤以及小组针对任务实施的结果，完成 UG NX 12.0 工作环境设置，并将完成任务过程中出现的问题、解决办法以及心得体会记录在表1.3中。

表1.3 实施过程记录表

任务名称	
实施过程中出现的问题	
解决办法	
心得体会	

五、任务评价

完成 UG NX 12.0 工作环境设置,熟悉软件界面,按个人使用习惯完成个性化定制。UG NX 12.0 工作环境设置评分表如表 1.4 所示。

表 1.4　UG NX 12.0 工作环境设置评分表

序号	评价内容与标准	配分	自我评价	组员互评	教师评价	综合评价
1	学习准备	10 分				
2	会启动软件	10 分				
3	软件界面熟悉	15 分				
4	完成用户个性化定制	20 分				
5	鼠标基本操作熟练	10 分				
6	快捷键基本操作熟练	10 分				
7	参与讨论主动性	15 分				
8	沟通协作	10 分				

　观时事-【新征程开局"十四五"】打造数字经济新优势(视频)。

任务1.2 三重四方套的制作

一、任务要求

一些简单的或者较规则的产品模型可以通过基本形体,如长方体、圆柱体、球等基本体素特征来造型。本任务以三重四方套实体模型(图1.1)的制作为例,介绍在长方体基本体素特征上添加其他特征进行造型设计的一般过程。本任务要求制作三重四方套模型,尺寸可自定义。主要包括以下内容:

(1)新建文件。
(2)长方体、球命令。
(3)布尔运算。
(4)变换命令。
(5)渲染命令。

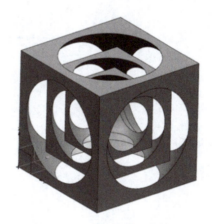

图1.1 三重四方套实体模型

二、任务分析

三重四方套的每一重的结构都是相似的,只是大小不同,所以,我们可以只做一重套,其他重按比例进行缩放。套的结构总体来看是一个正方体从内部"挖掉"了一个球体,并且球体的体积超出了正方体的大小,导致正方体内部被"掏空",由于六个面上的孔的大小是一致的,所以球体的中心应该与正方体的中心重合,可以利用布尔求差运算实现"挖掉"功能,运用【编辑】→【对象显示】命令对各表面进行着色,运用【渲染】相关功能对模型进行渲染。

以上制作三重四方套的方法称为叠加法,许多复杂的图形均是采用这种方法制作的。所谓叠加法,就是在做出一个基本体的基础上,像"砌墙"时不断加砖那样不断增加新图素,从而使一个简单的模型变成一个复杂的三维模型。叠加法在"增加"图素时可能是增加材料,从而使模型材料越来越多;也可能是去除材料,从而使模型中的部分材料减少;或者是二者兼而有之。

在最初作图时,首先要明确哪个图元作为基本形体,在此基础上进行怎样的叠加,然后再按步骤进行操作即可。简单的模型不需制定作图步骤,如果模型特别复杂,可以先制定作图步骤,这样操作起来更方便。

三、任务计划

请同学们根据任务要求,结合任务分析讯息,制定一份关于任务实施的计划书,并将相关信息填写在表 1.5 中。

表 1.5 任务实施计划书

任务名称	
小组分工	
任务流程图	
任务指令或资源信息	
注意事项	

四、任务实施

三重四方套的制作步骤如表 1.6 所示。

表 1.6 三重四方套的制作步骤

操作内容及说明	图示
1. 新建模型文件 单击 文件(F)，弹出菜单中选择 【新建】，或直接单击快速访问工具条中的 图标，弹出【新建】对话框，如图 1 所示。选择模型选项卡中【模型】类型，【名称】文本框中输入文件名称，如"三重四方套"等，单击【文件夹】右边的 按钮，选择文件存储的文件夹，单击【确定】按钮	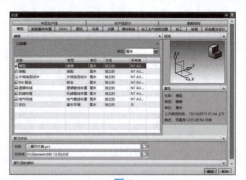 图 1
2. 插入正方体 Step1：选择命令。选择下拉菜单【菜单】→【插入】→【设计特征】→【长方体】 ，打开"长方体"对话框，如图 2 所示。 Step2：选择创建长方体的方法。在"类型"下拉列表中选择"原点和边长"，如图 2 所示。 Step3：定义长方体的原点（即长方体的一个顶点）。接受系统默认的坐标原点（0，0，0）为长方体的原点。 Step4：定义长方体的参数，分别在"长度""宽度""高度"文本框中输入值 100。 Step5：单击"确定"按钮，完成正方体的创建，如图 3 所示	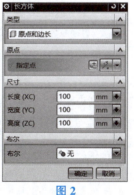  图 2　　　　图 3
3. 插入球体 Step1：选择下拉菜单【菜单】→【插入】→【设计特征】→【球】 ，打开"球"对话框，如图 4 所示。 Step2：选择创建球体的方法。在"类型"下拉列表中选择"中心点和直径"。 Step3：定义球中心点位置。单击 图标，弹出"点"对话框，设置球心为（50，50，50），如图 5 所示。 Step4：定义球体直径。在"直径"文本框输入 130，"布尔"设置为"减去"。 Step5：单击"确定"按钮，完成球体与正方体的求差制作，如图 6 所示	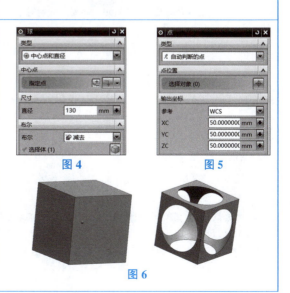 图 4　　　　图 5 图 6

学习情境 1　认识 UG NX 12.0　15

续表

操作内容及说明	图示

4. 完成模型制作

Step1：选择下拉菜单【菜单】→【编辑】→【变换】，打开"变换"对话框，如图 7 所示。

Step2：绘图区选择第 3 步已完成的模型，并单击"确定"按钮，如图 8 所示。

Step3：选择"比例"选项，如图 9 所示，打开"点"对话框，输入缩放点坐标（50，50，50），单击"确定"。

Step4：在变换"比例"对话框中输入比例值，例如输入缩小比例值 0.6，单击"确定"，再选择"复制"选项，如图 10 所示，得到二重四方套模型。

Step5：在"变换"对话框中再选择"复制"选项，可得到三重四方套模型，完成模型制作

图 7

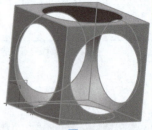

图 8

图 9

图 10

5. 着色

Step1：选择下拉菜单【菜单】→【编辑】→【对象显示】，单击"类型选择过滤器"，弹出"按类型选择"对话框。

Step2：绘图区选择第一重套并单击"确定"，弹出"编辑对象显示"对话框，如图 11 所示。

Step3：单击"颜色"旁边的色块图标，在弹出对话框中（图 12）选择合适的颜色并确定，回到"编辑对象显示"对话框。

Step4：拖动"透明度"数值条，可改变模型的透明度。

Step5：同样的方法，可对各面进行着色，着色结果如图 13 所示

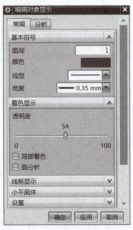

图 11

图 12

图 13

6. 渲染

选择条中找到【渲染样式下拉菜单】，读者可选择不同的渲染样式。

- 带边着色：用光顺着色和打光渲染面并显示面的边，如图 14 所示。
- 着色：用光顺着色和打光渲染面，不显示面的边，如图 15 所示

带边着色

图 14

着色

图 15

续表

操作内容及说明	图示
• 带有淡化边的线框：按边几何元素渲染面，使隐藏边淡化，并在旋转视图时动态更新面，如图16所示。 • 带有隐藏边的线框：按边几何元素渲染面，使隐藏边不可见，并在旋转视图时动态更新面，如图17所示。 • 静态线框：按边几何元素渲染面，旋转视图后，必须用"更新显示"来更正隐藏边和轮廓线，如图18所示。 • 艺术外观：根据指派的基本材料、纹理和光，逼真地渲染面，如图19所示。 材料、纹理等参数需在【渲染】选项卡中的【艺术外观任务】环境下进行设置。	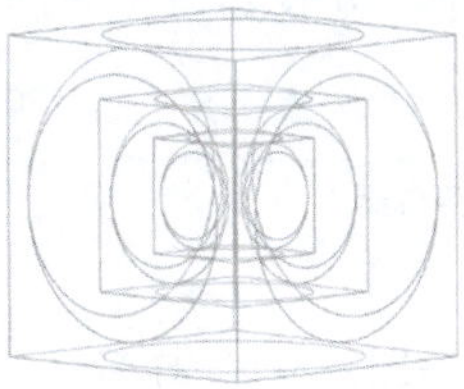 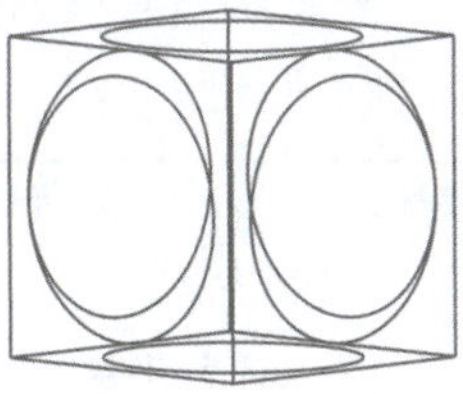  带有淡化边的线框 带有隐藏边的线框 图16 图17 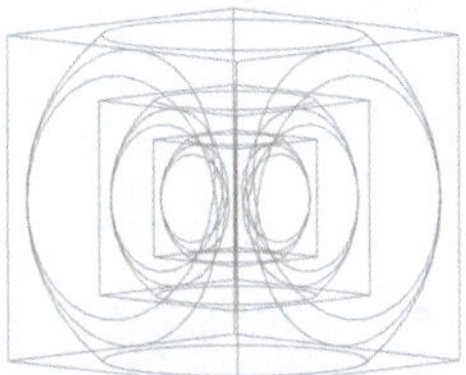 静态线框 艺术外观 图18 图19

请同学们根据任务实施计划书，结合以上操作步骤以及小组针对任务实施的结果，完成三重四方套的模型制作，并将完成任务过程中出现的问题、解决办法以及心得体会记录在表1.7中。

表1.7 实施过程记录表

任务名称	
实施过程中出现的问题	
解决办法	
心得体会	

五、任务评价

三重四方套模型制作评分表如表 1.8 所示。

表 1.8　三重四方套模型制作评分表

序号	评价内容与标准	配分	自我评价	组员互评	教师评价	综合评价
1	学习准备	10 分				
2	能进行文件操作命令（如新建、保存、打开等）	10 分				
3	制定三重四方套的建模方案	15 分				
4	熟练运用特征组命令（长方体、球等）	20 分				
5	能运用编辑菜单的变换命令	10 分				
6	参与讨论主动性	10 分				
7	沟通协作	15 分				
8	展示汇报	10 分				

 阅读材料：中华优秀传统文化——鬼工球。

学习情境 2　草 图 绘 制

情境提要

草图是进行复杂三维造型不可或缺的重要工具，一个三维模型越复杂，其草图可能也越复杂。如果没有学好草图操作，又想快速作出复杂的三维模型，那是非常困难的。因此，读者有必要花一定的时间与精力来学会快速操作草图。

草图就是以某个指定的二维平面为作图基准平面，在其上作出二维平面轮廓，并以此轮廓图作为三维建模基础，这种特殊的平面图就是草图。通过草图，可以建立各种复杂的造型。但是，不是所有的三维模型均需要草图。有些简单的或者较规范的模型可以通过基本形体，如长方体、圆柱体等体素特征来造型。由此可见，草图是复杂造型常用的一种工具，它可以加快造型速度，但不是所有的造型都需要用草图。

绘制草图注意事项：

（1）草图是二维平面图，是为绘制三维图形打基础的，可能是三维模型的某个方向上的投影或视图。

（2）一个复杂的产品模型设计可能需要制作多个草图。

（3）同一个产品设计，建模方法不同，草图可以不同。

（4）不要草图也可以建模，但复杂模型没有草图时，建模很困难或者不可能完成，有草图就方便很多。

（5）草图除了作出基本图形外，还要进行约束。

（6）绘制草图时要注意细节，细节操作没有掌握好，会给草图操作带来许多困难，甚至无法进行下一步的模型设计。因此，学者需要做一定量的草图练习来掌握相应的操作方法及要领。

本学习情境通过瓢虫、吊钩、盖板的草图绘制3个实例，有效融入了草图环境的介绍与设置、草图的绘制与编辑、尺寸标注与编辑、草图约束与修改等内容。通过完成以上任务，读者可以了解绘制草图的一般过程，掌握草图绘制基本技能和常用技巧。本情境还提供了3个草图练习案例，供学有余力者练习和巩固。

学习目标

本情境对标《机械产品三维模型设计职业技能等级标准》知识点：

（1）初级能力要求1.3.1 能够运用尺寸编辑知识，对几何形体进行尺寸修改。

（2）中级能力要求1.1.1 能运用草图绘制方式，正确绘制零件草图。

知识目标：
(1) 知道坐标系的作用；
(2) 知道二维草图绘制的一般方法。

技能目标：
(1) 会设置草图环境；
(2) 能熟练运用直线、圆和倒斜角等命令创建草图；
(3) 能使用尺寸标注和草图约束调整草图至完全约束状态；
(4) 能消除过约束；
(5) 能熟练运用快速修剪、快速延伸、转换为参考等命令对草图进行编辑。

素质目标：
(1) 树立正确的职业发展观，具有良好的职业道德和职业素养；
(2) 养成认真阅读图纸、技术要求等技术文件的能力；
(3) 养成团队协作的好习惯，同学互帮互助，形成良好学习风气；
(4) 经常自我总结与反思，培养分析决策能力。

任务 2.1　瓢虫草图绘制

一、任务要求

草图是进行复杂三维造型不可或缺的重要工具，一个三维模型越复杂，其草图可能也越复杂。本任务要求完成如图 2.1 所示瓢虫的草图绘制，主要包括以下内容：

（1）草图绘制命令：圆、直线。
（2）草图编辑命令：快速修剪、快速延伸、镜像曲线。
（3）草图约束命令：快速尺寸、等长约束。

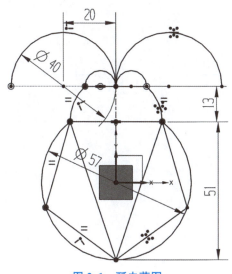

图 2.1　瓢虫草图

二、任务分析

瓢虫草图具有左右对称的主体结构，它的主要组成图元是圆、直线、圆弧。定形尺寸有 φ57 mm 圆、φ40 mm 圆弧，定位尺寸有 51 mm、13 mm。草图中直线有竖直、水平、等长等几何约束要求。

首先运用圆命令绘制 φ57 mm 圆，再绘制直线，以编辑尺寸或快速标注尺寸的方式确定直线定位尺寸 51，再以直径绘圆的方式绘制头部，以编辑尺寸或快速标注尺寸的方式确定直线定位尺寸 13，再绘制 φ40 mm 圆，利用直线命令、等长几何约束绘制翅膀部分，用快速修剪、删除曲线等编辑命令获得左半部分图形，最后用镜像曲线命令完成草图绘制。学习该实例掌握了通过图元的形状、尺寸和约束进行草图绘制的一般作图过程。

三、任务计划

请同学们根据任务要求，结合任务分析讯息，制定一份关于任务实施的计划书，并将相关信息填写在表 2.1 中。

表 2.1　任务实施计划书

任务名称	
小组分工	
任务流程图	
任务指令或资源信息	
注意事项	

四、任务实施

瓢虫草图的制作步骤如表 2.2 所示。

表 2.2 瓢虫草图的制作步骤

操作内容及说明	图示
1. 新建模型文件 单击 文件(F)，弹出菜单中选择 【新建】，或直接单击快速访问工具条中的 图标，弹出【新建】对话框。选择模型选项卡中【模型】类型，【名称】文本框中输入文件名称，如"七星瓢虫草图绘制"等，如图 1 所示，单击【确定】按钮	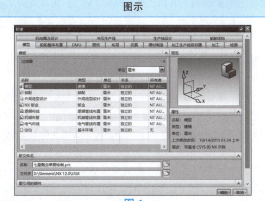 图 1
2. 创建草图 单击【主页】选项卡下的 【草图】，弹出"创建草图"对话框，"草图类型"下拉列表中选择"在平面上"，平面方法选择"自动判断"方式，如图 2 所示，选择 X-Y 平面作为草图平面（一般选择 X-Y 平面），单击【确定】，进入草图环境，如图 3 所示，创建草图	 图 2　　　　　图 3
3. 绘制 φ57 mm 圆 单击 【圆】命令，弹出"圆"工具条，选择"圆心和直径定圆"方法，如图 4 所示，用鼠标在绘图区单击坐标原点作为圆心，弹出"直径"文本框，输入 57，回车，即可绘制 φ57 mm 的圆，如图 5 所示。 曲线绘制完成后，可双击进行尺寸修改。 若修改有误，可单击工具栏上的 【撤销】命令，取消修改	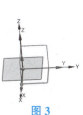 图 4　　　　　图 5
4. 绘制直线 Step1：单击 【直线】命令，弹出"直线"工具条，如图 6 所示，在圆的左侧空白处单击作为直线的一个起点，移动鼠标，可见一条棕色的线附着在鼠标指针上，当出现水平的棕色短粗箭头以及虚线时，如图 7 所示，再次单击鼠标作为直线的终点，即可绘制水平直线（当出现竖直的棕色短粗箭头以及虚线时，可绘制竖直直线）。	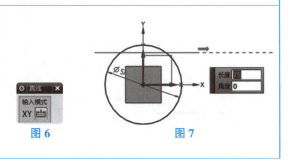 图 6　　　　　图 7

学习情境 2　草图绘制　23

续表

操作内容及说明	图示
XY 坐标模式：可以通过输入 XC 和 YC 的坐标值来精确地绘制曲线，坐标值以工作坐标系（WCS）为参照。要在动态输入框之间切换，可按 TAB 键，可在文本框内输入数值，按 Enter 键完成输入。 参数模式：可以输入长度值和角度值绘制直线。 Step2：绘制两水平直线和过中心的竖直直线。 Step3：单击【快速尺寸】，弹出"快速尺寸"对话框，测量方法下拉列表中选择"自动判断"，如图 8 所示，分别单击要标注的两个图元，如图 9 所示，在合适的位置单击鼠标，在弹出的文本框中输入 51，回车，单击中键确定，图元会自动调整以满足输入数值的要求，同样的方法标注两直线的距离 13。标注结果如图 10 所示	 图 9  图 8 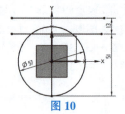 图 10
5. 绘制头部圆弧 Step1：单击【快速修剪】命令，弹出"快速修剪"对话框，如图 11 所示，在直线上单击要修剪的部分，单击鼠标中键确定。修剪结果如图 12 所示。 Step2：单击【圆】命令，以第一条直线的中点为圆心、直线长度为直径绘制圆，如图 13 所示。 选择条中打开【启用捕捉点】，可以根据绘图需要点亮（启用该功能）各类捕捉点。 Step3：用【快速修剪】命令删除多余线段，修剪结果如图 14 所示	 图 11　　　　图 12 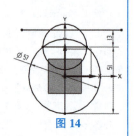 图 13　　　　图 14
6. 完成头部绘制 Step1：单击【快速延伸】命令，弹出"快速延伸"对话框，单击要延伸的直线，系统会自动将选中的直线延伸到与最近的图元相交。 Step2：用【快速修剪】和【圆】命令完成一侧头部的绘制，如图 15 所示	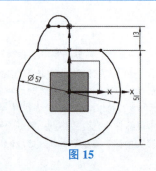 图 15

24　　■ CAD/CAM 技术应用实例

续表

操作内容及说明	图示
7. 绘制触须部分 Step1：【圆】命令绘制 φ40 mm 圆。 Step2：【快速延伸】【快速修剪】命令综合运用，删除多余线段。 Step3：用单击【镜像曲线】命令，弹出"镜像曲线"对话框，如图 16 所示，选择要镜像的曲线和中心线，完成绘制，如图 17 所示，此时中心线自动转为参考线，即双点划线	 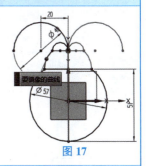 图 16　　　图 17
8. 绘制翅膀 Step1：用【直线】命令绘制三条直线； Step2：单击【几何约束】命令，弹出"几何约束"对话框，如图 18 所示，选择"等长"约束，单击其中一条直线作为"要约束的对象"，然后在"几何约束"对话框中单击"选择要约束的对象"，在图中单击另外一条直线，可约束两条直线等长。 Step3：用【镜像曲线】命令完成另一只翅膀的绘制，如图 19 所示	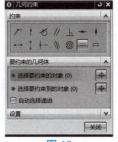 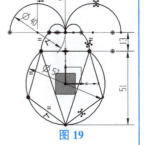 图 18　　　图 19
9. 完成草图 Step1：单击【完成草图】，如图 20 所示，退出草图环境。 Step2：单击【保存】，完成此任务	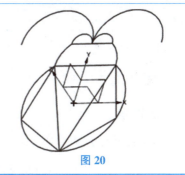 图 20

拓展训练

草图练习如图 2.2 所示。

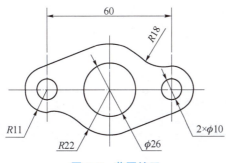

图 2.2　草图练习

请同学们根据任务实施计划书,结合以上操作步骤以及小组针对任务实施的结果,完成瓢虫的草图绘制,并将完成任务过程中出现的问题、解决办法以及心得体会记录在表 2.3 中。

表 2.3 实施过程记录表

任务名称	
实施过程中出现的问题	
解决办法	
心得体会	

五、任务评价

任务评价表如表 2.4 所示。

表 2.4 任务评价表

序号	评价内容与标准	配分	自我评价	组员互评	教师评价	综合评价
1	学习准备,进行任务分析,读图	10 分				
2	制定绘制瓢虫草图方案	10 分				
3	熟练运用曲线绘制命令(直线、圆、圆弧等)	15 分				
4	熟练运用曲线编辑命令(快速延伸、快速修剪、镜像曲线等)	15 分				
5	熟练运用尺寸约束、几何约束命令	15 分				
6	参与讨论主动性	10 分				
7	沟通协作	15 分				
8	展示汇报	10 分				

 话题讨论:兴趣养成-好不如好。

任务 2.2　吊钩草图绘制

一、任务要求

完成如图 2.3 所示吊钩的草图绘制，主要包括以下内容：
（1）草图绘制命令：圆、直线、轮廓、圆弧。
（2）草图编辑命令：圆角、快速修剪。
（3）草图约束命令：快速尺寸、相切约束等。

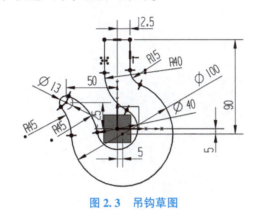

图 2.3　吊钩草图

二、任务分析

吊钩草图的主要组成图元是圆、直线、圆弧。定形尺寸有 $\phi 40$ mm、$\phi 100$ mm、$\phi 13$ mm 的圆，25 mm 长的直线，$R15$ mm、$R40$ mm、$R45$ mm 的连接圆弧；定位尺寸有 5 mm、90 mm、12.5 mm、50 mm、25 mm。

首先运用圆命令绘制 $\phi 40$ mm 圆，再绘制 $\phi 100$ mm 圆。以 $\phi 40$ mm 圆的圆心位置为绘图中心，以编辑尺寸或快速标注尺寸的方式确定两圆心水平、竖直方向定位尺寸均为 5 mm。以轮廓命令绘制上部 3 条直线，以编辑尺寸或快速标注尺寸的方式确定直线定位尺寸 90 mm。运用圆角命令绘制 $R15$ mm、$R40$ mm 的连接圆弧。绘制 $\phi 13$ mm 的圆，以编辑尺寸或快速标注尺寸的方式确定它与 $\phi 40$ mm 圆心水平、竖直方向定位尺寸分别为 50 mm、25 mm。运用圆角命令绘制 2 个 $R45$ mm 的连接圆弧。用快速修剪、删除曲线等编辑命令删除多余图线完成草图绘制。学习本实例有助于掌握通过图元的形状、尺寸和约束进行草图绘制的一般作图过程。

三、任务计划

请同学们根据任务要求，结合任务分析讯息，制定一份关于任务实施的计划书，并将相关信息填写在表 2.5 中。

表 2.5　任务实施计划书

任务名称	
小组分工	
任务流程图	
任务指令或资源信息	
注意事项	

四、任务实施

吊钩草图绘制步骤如表 2.6 所示。

表 2.6　吊钩草图绘制步骤

操作内容及说明	图示
1. 新建模型文件 Step1：新建模型文件。 Step2：单击【主页】选项卡下的【草图】，进入草图环境，选择 X-Y 平面作为草图平面创建草图，如图1和图2所示	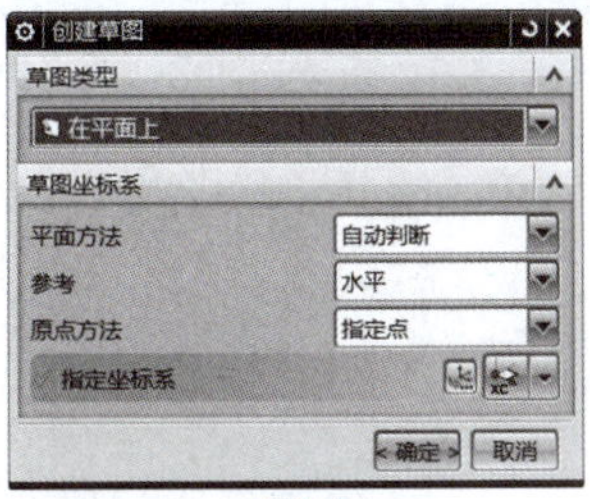 图1 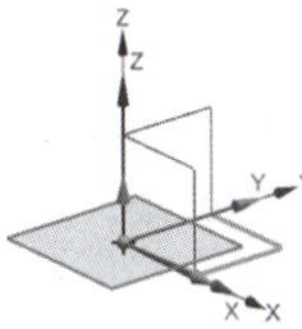　　　图2
2. 绘制 ϕ40 mm、ϕ100 mm 的圆 Step1：○【圆】命令绘制 ϕ40 mm 与 ϕ100 mm 的圆。 Step2：【快速尺寸】命令（图3）标注两个圆心的相对位置定位尺寸为5，确定两圆位置，如图4所示	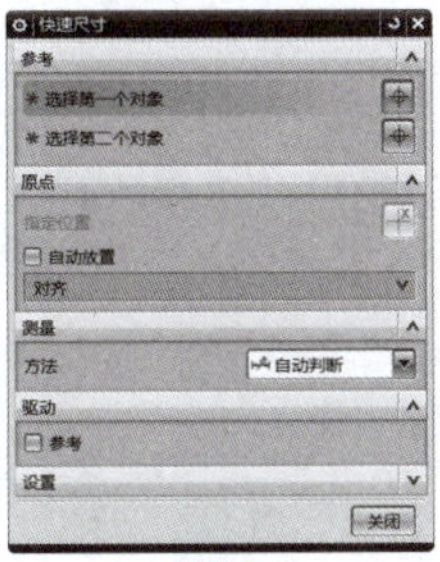 图3 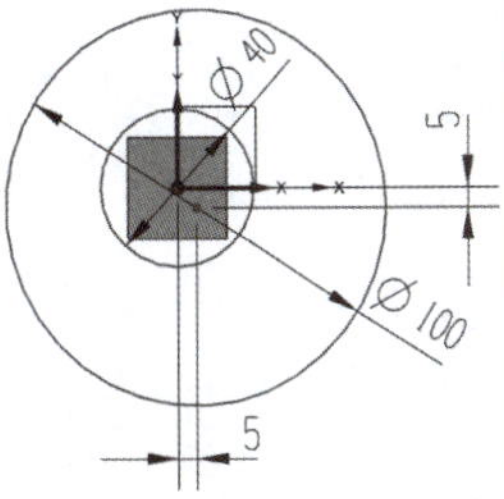　　　图4
3. 绘制直线 Step1：单击【轮廓】命令，连续绘制三直线。 Step2：【快速尺寸】标注尺寸90、25。 Step3：单击【设为对称】命令，如图5所示，选择两条竖直直线为对象，选择 Y 轴为对称中心，如图6所示，单击【关闭】	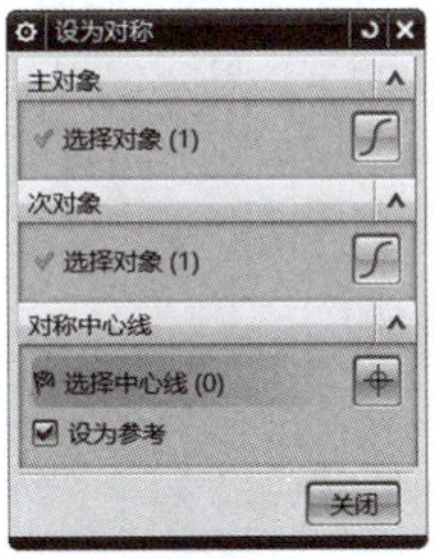 图5 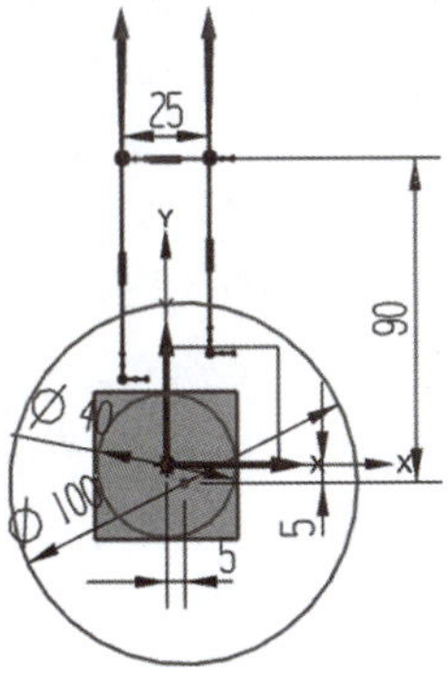　　　图6
4. 绘制 R15 mm、R40 mm 圆弧 Step1：单击【圆角】命令，弹出"圆角"对话框，圆角方法选择"修剪"，如图7所示，半径文本框中输入15，如图8所示，单击直线和圆弧，选中的曲线变成棕色，移动鼠标可预览四个象限的圆角，在需要的象限单击可形成圆角，多出的线段会被自动修剪。 Step2：同样的方法绘制 R40 mm 圆弧	 图7 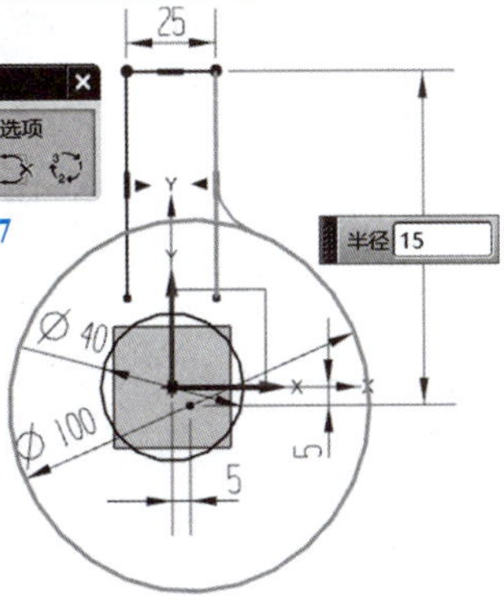 图8

学习情境2　草图绘制

续表

操作内容及说明	图示
5. 绘制 φ13 mm 的圆 Step1：○【圆】命令绘制 φ13 mm 的圆。 Step2：【快速尺寸】标注确定它与 R20 mm 圆弧中心的定位尺寸 25 mm、50 mm，如图 9 所示	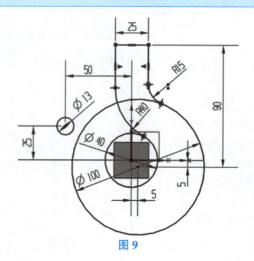 图 9
6. 绘制 R45 mm 圆弧 单击【圆弧】命令，弹出"圆弧"对话框，圆弧方法选择"三点定圆弧"，输入模式选择"参数模式"，如图 10 所示，半径对话框中输入 45，单击图 11 中要连接的两条曲线，移动鼠标，当出现棕色的相切符号时单击鼠标，完成 R45 mm 圆弧绘制，注意观察图中是否显示相切约束图标，如果没有实现相切，则需要利用几何约束功能对两条曲线进行约束	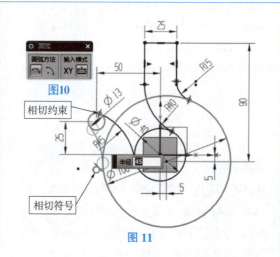 图 10 图 11
7. 完成草图 Step1：用【快速修剪】命令将多余线段去除。 Step2：单击【完成草图】，如图 12 所示，退出草图环境。 Step3：单击【保存】，完成此任务	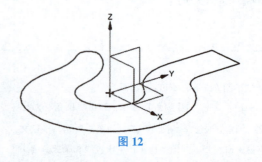 图 12

拓展训练

草图练习如图 2.4 所示。

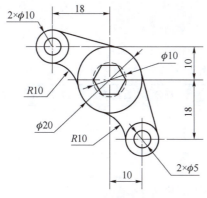

图 2.4　草图练习

请同学们根据任务实施计划书，结合以上操作步骤以及小组针对任务实施的结果，完成吊钩的草图绘制，并将完成任务过程中出现的问题、解决办法以及心得体会记录在表 2.7 中。

表 2.7　实施过程记录表

任务名称	
实施过程中出现的问题	
解决办法	
心得体会	

五、任务评价

任务评价表如表 2.8 所示。

表 2.8 任务评价表

序号	评价内容与标准	配分	自我评价	组员互评	教师评价	综合评价
1	学习准备，进行任务分析，读图	10 分				
2	制定绘制吊钩草图方案	10 分				
3	熟练运用曲线绘制命令（直线、圆、圆弧等）	15 分				
4	熟练运用曲线编辑命令（圆角、快速修剪等）	15 分				
5	熟练运用尺寸约束、几何约束命令	15 分				
6	参与讨论主动性	10 分				
7	沟通协作	15 分				
8	展示汇报	10 分				

 强基础——万丈高楼平地起，模型原因草图生。

分类总结 1—基本图形的绘制方法

分类总结 2—草图的编辑方法

任务2.3　盖板草图绘制

一、任务要求

完成如图 2.5 所示盖板的草图绘制，主要包括以下内容：
（1）草图绘制命令：圆、直线、圆弧。
（2）草图编辑命令：圆角、快速修剪。
（3）草图约束命令：快速尺寸、几何约束等。

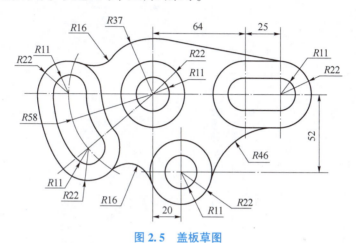

图 2.5　盖板草图

二、任务分析

盖板草图的主要组成图元是圆、直线、圆弧。定形尺寸有 2 组 $R22$ mm 和 $R11$ mm 的同心圆，4 组 $R22$ mm 和 $R11$ mm 的同心半圆弧，$R37$ mm 的圆弧，$R16$ mm 和 $R46$ mm 的连接圆弧；定位尺寸有 20 mm、52 mm、64 mm、25 mm、$R58$ mm。

首先运用圆命令绘制第 1 组 $R22$ mm 和 $R11$ mm 的同心圆，再用圆命令绘制第 2 组 $R22$ mm 和 $R11$ mm 的同心圆，以编辑尺寸或快速标注尺寸的方式确定两组同心圆圆心水平、竖直方向定位尺寸分别为 20 mm、52 mm；再绘制 2 组 $R22$ mm 和 $R11$ mm 的同心半圆弧，以编辑尺寸或快速标注尺寸的方式确定它们与第 1 组同心圆圆心水平方向定位尺寸分别为 64 mm、25 mm；绘制 $R58$ mm 半圆弧，运用偏置曲线命令得另 4 段圆弧，再将 $R58$ mm 半圆弧转化为自参考线，绘制另 2 组 $R22$ mm 和 $R11$ mm 的同心半圆弧与刚绘制的圆弧连接；运用圆角命令绘制 $R16$ mm、$R46$ mm 的连接圆弧。用快速修剪、删除曲线等编辑命令删除多余图线完成草图绘制。学习该实例掌握了通过图元的形状、尺寸和约束进行草图绘制的一般作图过程。

三、任务计划

请同学们根据任务要求，结合任务分析讯息，制定一份关于任务实施的计划书，并将相关信息填写在表 2.9 中。

表 2.9　任务实施计划书

任务名称	
小组分工	
任务流程图	
任务指令或资源信息	
注意事项	

四、任务实施

盖板草图绘制步骤如表 2.10 所示。

表 2.10　盖板草图绘制步骤

操作内容及说明	图示
1. 新建模型文件 Step1：新建模型文件。 Step2：单击【主页】选项卡下的【草图】，进入草图环境，选择 X—Y 平面作为草图平面创建草图，如图 1 和图 2 所示	 图 1　　　　　图 2
2. 绘制 2 组 $R22$ mm 和 $R11$ mm 的同心圆（图 3） Step1：○【圆】命令绘制第 1 组 $R22$ mm 和 $R11$ mm 的同心圆，使圆心在坐标系原点上。 Step2：○【圆】命令绘制第 2 组 $R22$ mm 和 $R11$ mm 的同心圆。 Step3：以编辑尺寸或快速标注尺寸的方式确定两组同心圆圆心水平、竖直方向定位尺寸分别为 20、52	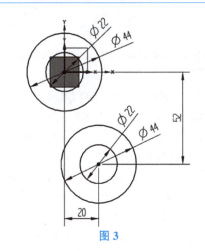 图 3
3. 绘制另外 2 组 $R22$ mm 和 $R11$ mm 的同心圆弧（图 4） Step1：○【圆】命令绘制 2 组 $R22$ mm 和 $R11$ mm 的同心圆，可以使用追踪保证它们的圆心在 X 轴上，输入值以保证定位尺寸 64、25；也可以任意绘制出 2 组 $R22$ mm 和 $R11$ mm 的同心圆，再使用几何约束保证其圆心与 X 轴共线，以快速尺寸标注保证其定位尺寸。 Step2：╱【直线】命令绘制直线，确保与圆弧相切。 Step3：✕【快速修剪】命令将多余线段去除	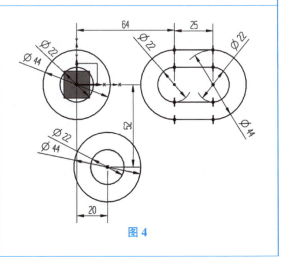 图 4

学习情境 2　草 图 绘 制

操作内容及说明	图示
4. 绘制相切直线和圆弧（图5） Step1：【圆弧】命令三点定圆弧方式绘制圆弧 $R37$ mm。 Step2：【直线】命令绘制直线，确保与圆弧 $R37$ mm、$R22$ mm 相切。 Step3：【圆弧】命令三点定圆弧方式，绘制 $R46$ mm 与 $R22$ mm 和直线相切	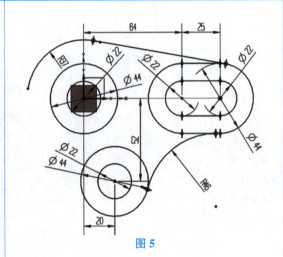 图5
5. 绘制另外2组 $R22$ mm 和 $R11$ mm 的同心圆（图6） Step1：【圆弧】命令绘制圆弧 $R58$ mm，并右击该圆弧，在弹出的右键菜单中选择【转换为参考】，将其转换为参考线，即双点划线。 Step2：【圆】命令绘制1组 $R22$ mm 和 $R11$ mm 的同心圆，可以使用自动追踪功能保证圆心在 X 轴上，再使用【几何约束】命令中的【点在曲线上】约束类型保证其圆心在 $R58$ mm 圆弧上。 Step3：【圆】命令绘制另1组 $R22$ mm 和 $R11$ mm 的同心圆，使用【点在曲线上】几何约束保证其圆心在 $R58$ mm 圆弧上	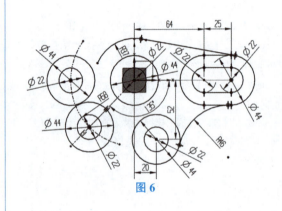 图6
6. 绘制连接圆弧（图7） Step1：【圆】命令绘制圆，以原点为中心，与5绘制的2组同心圆相切。 Step2：【快速修剪】命令将多余线段去除	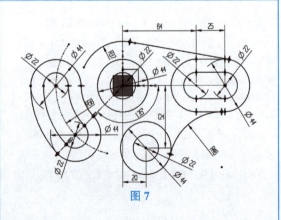 图7

续表

操作内容及说明	图示
7. 绘制 2 条 R16 mm 连接圆弧（图 8） Step1：【圆角】命令创建半径为 16 mm 的圆角。 Step2：【快速延伸】命令，补齐生成圆角 R16 操作中所删除的线	图 8
8. 完成草图 Step1：单击【完成草图】，如图 9 所示，退出草图环境。 Step2：单击【保存】，完成此任务	图 9

拓展训练

草图练习如图 2.6 所示。

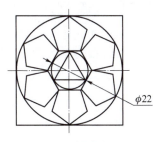

图 2.6　草图练习

请同学们根据任务实施计划书，结合以上操作步骤以及小组针对任务实施的结果，完成盖板的草图绘制，并将完成任务过程中出现的问题、解决办法以及心得体会记录在表 2.11 中。

表 2.11 实施过程记录表

任务名称	
实施过程中出现的问题	
解决办法	
心得体会	

五、任务评价

任务评价表如表 2.12 所示。

表 2.12 任务评价表

序号	评价内容与标准	配分	自我评价	组员互评	教师评价	综合评价
1	学习准备，进行任务分析，读图	10 分				
2	制定绘制盖板草图方案	10 分				
3	熟练运用曲线绘制命令（直线、圆、圆弧等）	15 分				
4	熟练运用曲线编辑命令（圆角、快速修剪等）	15 分				
5	熟练运用尺寸约束、几何约束命令	15 分				
6	参与讨论主动性	10 分				
7	沟通协作	15 分				
8	展示汇报	10 分				

分类总结 3—尺寸约束和形状约束

学习情境3 实体建模

情境提要

实体建模是定义一些基本体素，通过基本体素的集合运算或变形操作生成复杂形体的一种建模技术，其特点在于三维立体的表面与其实体同时生成。由于实体建模能够定义三维物体的内部结构形状，因此能完整地描述物体的所有几何信息和拓扑信息，包括物体的体、面、边和顶点的信息。

按照实体生成的方法不同，实体建模的方法可分为体素法、扫描法。体素法是通过基本体素（如长方体、圆柱体、球体、锥体、圆环体以及扫描体等）的集合运算构造几何实体的建模方法。有些物体的表面形状较为复杂，难于通过定义基本体素加以描述，可以定义基体（或截面），利用基本的变形操作（基体沿指定路径运动）实现物体的建模，这种构造实体的方法称为扫描法，如拉伸、旋转、扫掠等。

复杂的产品设计都是以简单的零件建模为基础，而零件建模的基本组成单元则是特征。特征是一种综合概念，它作为"产品开发过程中各种信息的载体"除了包含零件的几何拓扑信息外，还包含了设计制造等过程所需要的一些非几何信息，如材料信息、尺寸、形状公差信息、热处理及表面粗糙度信息和刀具信息等。因此特征包含丰富的工程语义，它是在更高层次上对几何形体上的型腔、孔、槽等的集成描述。在本学习情境中所述的特征仅指特征的几何信息。

有些非曲面实体零件模型造型很复杂，需要通过若干特征的叠加来完成。所谓叠加法，就是在一个基本体上，像"砌墙"时不断加砖那样不断增加新图元，使一个简单的模型变成一个复杂的三维模型。叠加法在"增加"图元时可能是增加材料，也可能是去除材料。通常，基体的建模方式有拉伸、回转、扫掠等几种，叠加部分包括孔、长方体、球、抽壳、阵列特征、镜像几何体等，还包括拔模、边倒圆等细节特征。

实体建模注意事项：

（1）一个复杂的产品模型设计可能需要制作多个特征。

（2）同一个产品设计，建模方法不同，特征命令也不相同，只要最终呈现的产品满足要求就可以。

（3）一个复杂模型都是由许多部分组成的，只要善于分解、富于想象力，就可以用多种方法来完成复杂模型的制作。

（4）建模时，采取先主体后细节、先大后小的作图顺序，逐个建立各结构。

（5）将一个复杂模型先分成几部分，其中最关键的部分作为主体，然后在主体上增加细节部分。

本学习情境通过套筒扳手、传动轴、雪糕杯、通气塞、电吹风外壳、话筒等6个实体建模案例，有效融入了建模环境的介绍与设置，三维建模管理工具——部件导航器的使用、基准特征（基准平面、基准轴、基准坐标系）的创建、布尔运算功能应用等。通过完成以上任务，读者可以了解基本特征的创建、编辑、删除和变换的方法，综合运用实体建模命令（如拉伸、旋转、扫掠等），根据零件图纸要求完成三维实体零件的造型及检查等工作。本情境还提供了6个练习任务，供学有余力的读者练习和巩固。

学习目标

本情境对标《机械产品三维模型设计职业技能等级标准》知识点：

（1）初级能力要求1.2.2 掌握布尔运算的基本原理，结合零件的结构特征，对几何形体进行布尔加运算。

（2）初级能力要求1.2.3 能结合零件的结构特征，对几何形体进行布尔减运算。

（3）初级能力要求1.2.4 能结合零件的结构特征，对几何形体进行布尔交运算。

（4）初级能力要求1.3.2 能对几何形体进行复制、移动修改。

（5）初级能力要求1.3.3 能够运用基础编辑的设计方法，对几何形体进行阵列、镜像修改。

（6）初级能力要求1.3.4 能够运用工程特征的设计方法，对几何形体进行圆角、倒角、拔模修改。

（7）中级能力要求1.1.2 能运用特征建模方式，正确构建机械零件。

（8）中级能力要求1.1.3 能运用模型编辑的方法，结合机械零件模型的特征修改模型。

（9）中级能力要求1.1.4 能运用渲染方法，按工作任务要求，对机械零件进行着色与渲染。

知识目标：

（1）WCS 坐标系的作用；

（2）知道零件建模的一般方法。

技能目标：

（1）WCS 坐标系的变换；

（2）会设置建模环境；

（3）会创建基准；

（4）能熟练创建基本体素特征，会利用草图构建实体；

（5）能熟练创建孔、键槽等成型特征；

（6）能熟练创建螺纹特征；

（7）能熟练创建圆角、倒角等细节特征；

（8）在特征建模时能熟练运用偏置/缩放、关联复制等命令。

素质目标：

（1）树立正确的职业发展观，具有良好的职业道德和职业素养；

（2）养成认真阅读图纸、技术要求等技术文件的能力；

（3）养成团队协作的好习惯，同学互帮互助，形成良好学习风气；

（4）经常自我总结与反思，培养分析决策能力。

任务 3.1　套筒扳手建模

一、任务要求

本任务要求完成如图 3.1 所示套筒扳手的建模，主要包括以下功能的使用：
(1) 草图创建：草图曲线命令、草图编辑命令、草图约束命令。
(2) 设计特征：拉伸。
(3) 关联复制：阵列特征。
(4) 细节特征：倒斜角等。

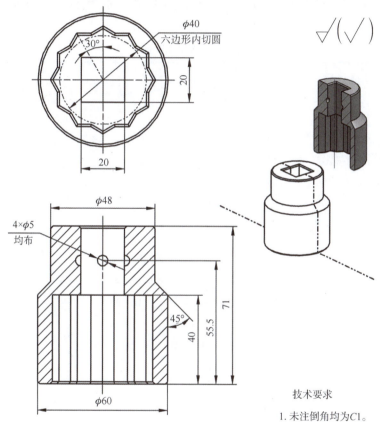

图 3.1　套筒扳手工程图

二、任务分析

要真正掌握建模，做到看到什么就能制作什么，就要理解建模方法，没有一定的方法，只能是别人教一个学一个。UG 实体建模分为非曲面建模和曲面建模。其中，实体建模采取先主体、后细节、先大后小的作图模式，以叠加的方式建立各结构。将一个复杂模型先分为几部分，把最主要的特征部分先做完，再增加细节部分。实际上，一个复杂模型都是由许多部分组成的，只要善于分解、富于想象，就可以用多种方法来完成复杂模型的制作。

至于曲面实体建模，则要学会建立线框，建立产品轮廓，然后将轮廓转化成面和实体。同时，曲面实体建模也要使用非曲面建模中的叠加思想。曲面实体建模会在下一学习情境中详细介绍。

套筒扳手是由多个带六角孔或十二角孔的套筒并配有手柄、接杆等多种附件组成的，特别适用于拧转位置十分狭小或凹陷很深的螺栓或螺母。

套筒扳手是轴对称类零件。外部三个特征可通过拉伸获得，其中大端特征可通过拉伸草图获得；中间的锥面可通过对圆柱面进行倒角获得；小端可通过拉伸相应截面获得。小端内壁均布的四个球形凹坑可通过圆形阵列获得。

三、任务计划

请同学们根据任务要求，结合任务分析讯息，制定一份关于任务实施的计划书，并将相关信息填写在表 3.1 中。

表 3.1 任务实施计划书

任务名称	
小组分工	
任务流程图	
任务指令或资源信息	
注意事项	

四、任务实施

套筒扳手建模步骤如表 3.2 所示。

表 3.2　套筒扳手建模步骤

操作内容及说明	图示
1. 新建模型文件 新建 BST.prt 文件，进入建模环境	
2. 创建大端草图 Step1：单击【主页】选项卡下的【草图】命令，采用默认设置，单击【确定】，进入草图环境。 Step2：单击"草图曲线"工具条旁边的下拉按钮▼，找到【多边形】图标。 Step3：单击命令，弹出【多边形】对话框，单击原点以确定多边形"中心点"，"边数"文本框中输入"6"，在"大小"下拉菜单中选择"内切圆半径"，在"半径"文本框中输入"20"，按 Enter 键，"旋转"文本框中输入"0"，按 Enter 键，完成一个六边形的创建，如图 1 所示。 Step4："边数""大小""半径"均不变，"旋转"文本框中输入"30"，单击原点以确定多边形"中心点"，按 Enter 键，完成另一个六边形的创建，如图 2 所示，单击【关闭】。 Step5：单击【快速修剪】命令，弹出"快速修剪"对话框，对六边形各边进行修剪，如图 3 所示。 Step6：单击草图工具中的【圆】命令，单击坐标原点，"直径"文本框中输入"60"，按 Enter 键，完成圆的绘制，如图 4 所示。 Step7：单击【完成草图】，退出草图环境	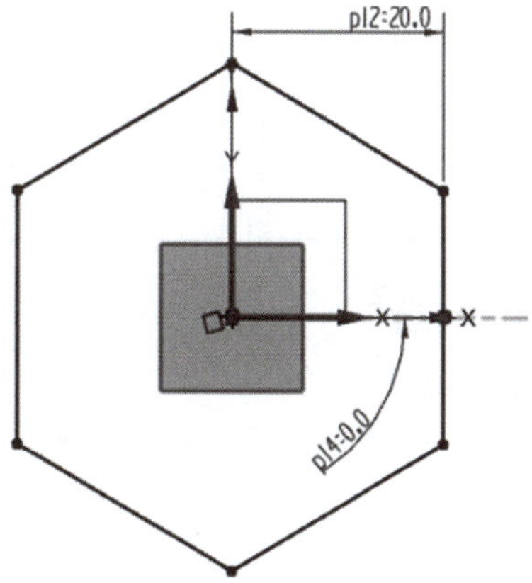 图 1 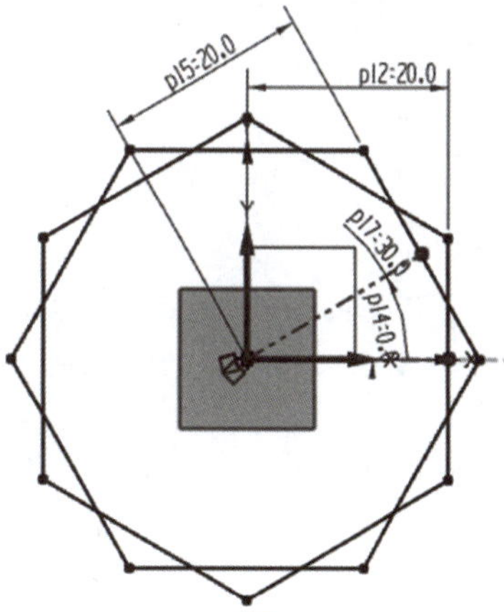 图 2 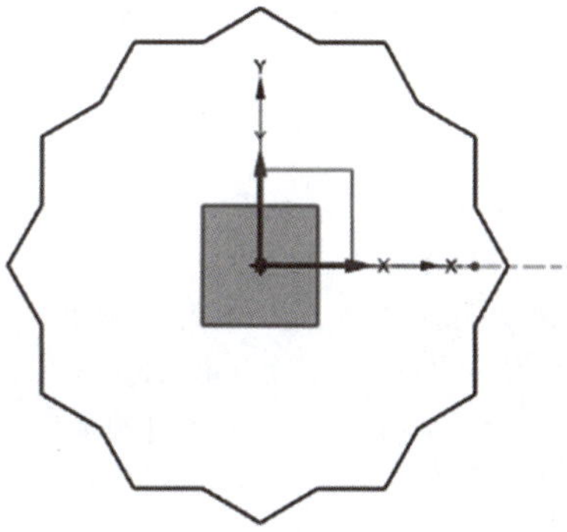 图 3

续表

操作内容及说明	图示
	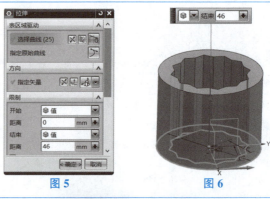 图4
3. 创建大端实体 单击【主页】选项卡下的【拉伸】命令，弹出"拉伸"对话框，用鼠标在绘图区选取绘制好的草图曲线，"结束""距离"文本框中输入"46"，其他值采用默认，如图5所示，单击【确定】按钮，完成大端实体的创建，如图6所示	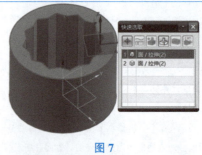 图5　　　　图6
4. 创建小端实体 Step1：单击【拉伸】命令，弹出"拉伸"对话框，用鼠标选取大端上表面，如图7所示，进入草图环境。 Step2：单击草图工具中的【圆】命令，单击坐标原点，"直径"文本框中输入"48"，按Enter键，完成圆的绘制。 Step3：单击草图工具中的【矩形】命令，单击坐标原点，弹出"矩形"对话框，"矩形方法"选择"从中心"，单击坐标原点，"宽度"文本框中输入"20"，"高度"文本框中输入"20"，"角度"文本框中输入"0"，按Enter键，完成矩形的绘制。单击【完成】，退出草图环境，回到拉伸环境。 Step4："拉伸"对话框中，在"结束""距离"文本框中输入"31"，"布尔"下拉菜单中选择"合并"，其他值采用默认，如图8所示，单击【确定】按钮，完成小端实体的创建，如图9所示	图7 图8　　　　图9

44　　CAD/CAM 技术应用实例

续表

操作内容及说明	图示
5. 创建半球形孔 Step1：单击【曲线】选项卡下的 /【直线】命令，绘制方孔内壁对角线，如图10所示，单击【确定】。 Step2：下拉列表中选择【菜单】→【插入】→【设计特征】→【球】，弹出"球"对话框，"类型"下拉列表中选择"中心和直径"选项，用鼠标选取以上直线的中点，"直径"文本框中输入"5"，"布尔"下拉列表中选择"减去"，单击【确定】。	  图10
Step3：下拉列表中选择【菜单】→【插入】→【关联复制】→【阵列特征】，用鼠标在模型上或部件导航器中选取球特征，"布局"下拉列表中选择"圆形"，"指定矢量"旁边的下拉列表中选择"ZC"轴，单击"指定点"旁边的【点对话框】按钮，弹出"点"对话框，输入坐标值"X0，Y0，Z0"，单击【确定】回到"阵列特征"对话框。斜角方向中"间距"下拉列表中选择"数量和跨距"，"数量"文本框中输入"4"，"跨角"文本框中输入"360"，如图11所示，单击【确定】完成半球形孔的创建，如图12所示	  图11　　　　　图12
6. 创建倒斜角 Step1：下拉列表中选择【菜单】→【插入】→【细节特征】→【倒斜角】，"横截面"旁边下拉列表中选择"对称"，"距离"文本框中输入"1"，用鼠标选取所有对应边，如图13所示，单击【应用】按钮。 Step2："距离"文本框中输入"6"，用鼠标选取对应边，如图14所示，单击【确定】按钮，完成模型创建。 Step3：单击【保存】，完成此任务	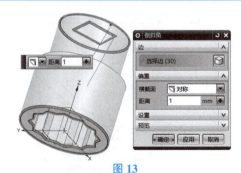 图13 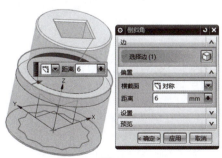 图14

拓展训练

练习计算器建模,其工程图如图 3.2 所示。

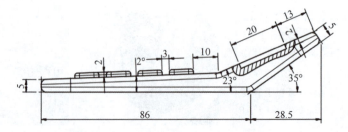

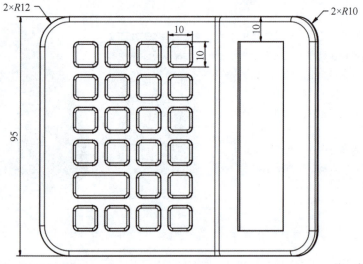

注:未标注圆角为 $R2$。

图 3.2 计算器工程图

请同学们根据任务实施计划书,结合以上操作步骤以及小组针对任务实施的结果,完成套筒扳手模型的创建,并将完成任务过程中出现的问题、解决办法以及心得体会记录在表 3.3 中。

表 3.3 实施过程记录表

任务名称	
实施过程中出现的问题	
解决办法	
心得体会	

五、任务评价

任务评价表如表 3.4 所示。

表 3.4 任务评价表

序号	评价内容与标准	配分	自我评价	组员互评	教师评价	综合评价
1	学习准备，进行任务分析，读图	10 分				
2	制定套筒扳手建模方案	10 分				
3	熟练创建草图	15 分				
4	熟练运用拉伸命令创建主模型特征	10 分				
5	熟练运用细节特征命令创建倒角	10 分				
6	熟练运用阵列特征命令创建孔	10 分				
7	参与讨论主动性	10 分				
8	沟通协作	15 分				
9	展示汇报	10 分				

 中国发明——V 形全能自紧扳手。

任务 3.2　传动轴建模

一、任务要求

本任务要求完成如图 3.3 所示传动轴的建模，主要包括以下功能的使用：
(1) 草图创建：草图曲线命令、草图编辑命令、草图约束命令。
(2) 设计特征：拉伸、圆柱、凸台、键槽、槽、螺纹、孔命令。
(3) 细节特征：倒斜角、拔模。
(4) 组合命令：合并、减去。
(5) 修剪命令：拆分体。

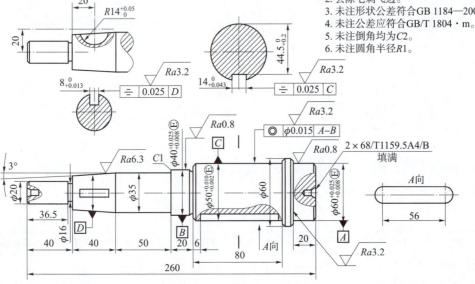

图 3.3　传动轴工程图

二、任务分析

轴是支承转动零件并与之一起回转以传递运动、扭矩或弯矩的机械零件，一般各段可以有不同的直径，因此，轴的建模可以逐段绘制。绘制轴段时，可以通过拉伸、圆柱或凸台功能获得。同时，UG NX 12.0 提供了众多实用小工具，方便细节特征的建模。轴上键槽既可通过拉伸命令获得，也可通过专门的【键槽】功能形成。轴上的退刀槽除了可进行旋转切除以外，也可通过专门的【槽】命令获得。普通螺纹的生成可以借助【螺纹】工具。需要特别说明的是：绘制零件模型时，只需要用到工程图样上的基本尺寸，尺寸公差可在后期生成工程图时标注。

三、任务计划

请同学们根据任务要求，结合任务分析讯息，制定一份关于任务实施的计划书，并将相关信息填写在表 3.5 中。

表 3.5　任务实施计划书

任务名称	
小组分工	
任务流程图	
任务指令或资源信息	
注意事项	

四、任务实施

传动轴建模步骤如表3.6所示。

表 3.6 传动轴建模步骤

操作内容及说明	图示
1. 新建模型文件 新建 zhou.prt 文件，进入建模环境	
2. 创建圆柱体 Step1：下拉列表中选择【菜单】→【插入】→【设计特征】→【圆柱】，弹出"圆柱"对话框。 Step2："类型"下拉列表中选择 轴、直径和高度，单击"指定矢量"下拉列表，选择"ZC轴"，绘图区单击坐标原点作为指定点，尺寸文本框中输入直径50 mm、高度20 mm，布尔默认选择"无"，如图1所示，单击【确定】，绘制圆柱体	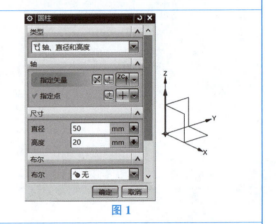 图 1
3. 创建各轴段 Step1：下拉列表中选择【菜单】→【插入】→【设计特征】→【凸台】，弹出"支管"对话框。 Step2：文本框中输入直径60 mm，高度10 mm，锥角0°，如图2所示，单击圆柱体上表面，单击鼠标中键，在弹出的"定位"对话框中（图3）单击"点落在点上"按钮，单击圆柱体上表面的外圆边，在弹出的"设置圆弧的位置"对话框中单击"圆弧中心"按钮，如图4所示，完成凸台的添加。 Step3：使用第二步的方法，依次建立直径50 mm、高度80 mm；直径40 mm、高度20 mm；直径35 mm、高度90 mm；直径20 mm、高度40 mm 的4个凸台	 图 2   图 3 图 4
4. 拆分 φ35 mm 轴段 Step1：下拉列表中选择【菜单】→【插入】→【修剪】→【拆分体】，弹出"拆分体"对话框。 Step2：选择创建的轴作为目标体。 Step3："工具选项"下拉列表中选择"新建平面"，"指定平面"下拉列表中选择"按某一距离"，单击 φ35 mm 轴端面，距离文本框中输入-40 mm，回车，会在轴上预览到新生成的基准平面，单击【确定】，将高度90 mm 的轴段拆分成40 mm 和50 mm 的两段，如图5所示	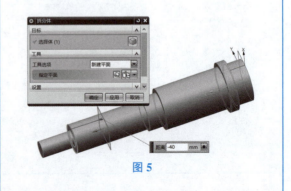 图 5

50   CAD/CAM 技术应用实例

操作内容及说明	图示
5. 拔模 Step1：下拉列表中选择【菜单】→【插入】→【细节特征】→【拔模】，弹出"拔模"对话框，如图 6 所示。 Step2：选择拔模方式。"类型"下拉列表中选择"面"。 Step3：指定拔模方向。"指定矢量"右侧下拉列表中选取"ZC 轴"。 Step4：定义拔模固定平面。单击轴上的分割线，即以此分割线的相切面作为固定面。 Step5：选取要拔模的面。选中分割后的小端侧的圆柱面。 Step6：定义拔模角，输入拔模"角度"为 3。 Step7：单击【确定】，完成拔模操作，如图 7 所示。	  图 6　　　　　　图 7
6. 合并 下拉列表中选择【菜单】→【插入】→【组合】→【合并】命令，弹出"合并"对话框。将图中的两部分轴段合并成为一个整体	
7. 创建基准平面 Step1：【主页】选项卡中单击【基准平面】命令，弹出"基准平面"对话框。 Step2："类型"下拉列表中选择"自动判断"。 Step3：选择 $\phi 50\text{ mm}$ 轴段外圆柱面作为"要定义平面的对象"。 Step4：单击中键或【确定】，完成基准平面创建，如图 8 所示。	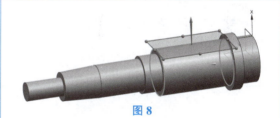 图 8
8. 创建键槽 Step1：下拉列表中选择【菜单】→【插入】→【设计特征】→【键槽】，弹出"槽"对话框。 Step2：弹出的对话框中选择"矩形槽"。 Step3：绘图区选择上一步中创建的基准平面，此时图中会出现白色的箭头，若箭头指向实体内部，则单击中键确定；若指向实体外部，则单击"翻转默认侧"然后单击【确定】，如图 9 所示。 Step4：弹出的"水平参考"对话框中选择"基准轴"，绘图区选择 Z 轴。 ※定义"水平参考"即键槽的长度方向。 Step5：弹出的"矩形槽"文本框中输入长度 70 mm、宽度 14 mm、深度 5.5 mm，如图 10 所示，单击【确定】，可预览轴上键槽	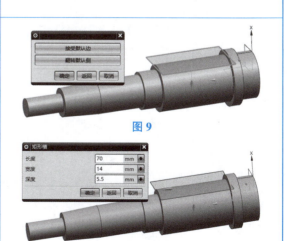 图 9 图 10

续表

操作内容及说明	图示
Step6：弹出的"定位"对话框中选择"水平"按钮 ⌸，即需要确定键槽在轴上的水平位置。 Step7：选择轴上两段圆弧，第一段圆弧为轴端外圆，取其"圆弧中心"；第二段圆弧为键槽左端外圆，取其"相切点"，如图 11 所示。 Step8：弹出的文本框中输入 6 mm，单击中键回到"定位"对话框，单击【确定】，完成键槽创建	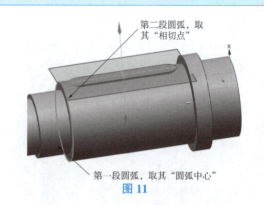 第二段圆弧，取其"相切点" 第一段圆弧，取其"圆弧中心" 图 11
9. 创建半圆键槽 Step1：单击 ⌸【草图】，选在 YZ 平面绘制草图。 Step2：绘制如图 12 所示草图，单击 ⌸【完成草图】，退出草图环境。 Step3：单击 ⌸【拉伸】，弹出"拉伸"对话框。 Step4：选择刚绘制的草图，"指定矢量"默认。 Step5："结束"下拉列表中选择"对称值"，距离文本框中输入 4 mm，如图 13 所示。 ※对称值距离为需要拉伸实体长度的一半，即这里输入距离 4 mm，实际形成的实体厚度为 8 mm。 Step6："布尔"下拉列表中选择"减去"，绘图区选择轴作为被剪切体。 Step7：单击【确定】，完成半圆键槽创建	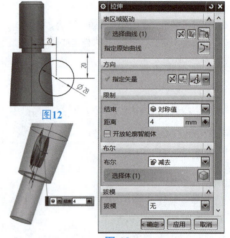 图 12 图 13
10. 创建砂轮越程槽 Step1：下拉列表中选择【菜单】→【插入】→【设计特征】→【槽】 ⌸，弹出"槽"对话框。 Step2：弹出的对话框中选择"U 形槽"。 Step3：单击 φ40 mm 轴段外圆柱面。 Step4：弹出的"U 形槽"文本框中输入槽直径 38 mm，宽度 3 mm，角半径 1 mm，单击【确定】，可预览轴上槽的位置。 Step5：选择两段圆弧，第一段为轴端外圆；第二段为槽上与之相邻端外圆，如图 14 所示。 Step6：弹出的文本框中输入 0 mm，单击【确定】，完成砂轮越程槽创建	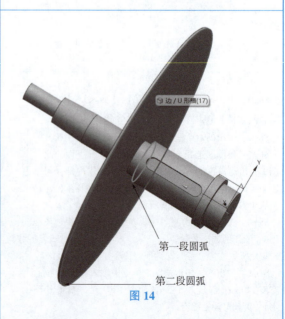 第一段圆弧 第二段圆弧 图 14

续表

操作内容及说明	图示
11. 创建退刀槽 Step1：下拉列表中选择【菜单】→【插入】→【设计特征】→【槽】，弹出"槽"对话框。 Step2：弹出的对话框中选择"矩形"。 Step3：单击 $\phi 20$ mm 轴段外圆柱面。 Step4：弹出的"矩形槽"文本框中输入槽直径 16 mm、宽度 3.5 mm，单击【确定】，可预览轴上槽的位置。 Step5：选择两段圆弧，第一段为轴肩外圆；第二段为槽上与之相邻端外圆。 Step6：弹出的文本框中输入 0 mm，单击【确定】，完成退刀槽创建，如图 15 所示	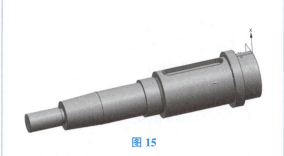 图 15
12. 创建倒角 Step1：下拉列表中选择【菜单】→【插入】→【细节特征】→【倒斜角】，弹出"倒斜角"对话框。 Step2：选择各轴段需倒角的外圆边。 Step3："横截面"下拉列表中选择"对称"。 Step4："距离"文本框中输入 2 mm。 Step5：单击【应用】，完成 5 处 $C2$ 倒斜角，如图 16 所示。 Step6："距离"文本框中输入 1 mm，回车，鼠标选取需倒角的外圆边，完成 1 处 $C1$ 倒斜角，如图 17 所示	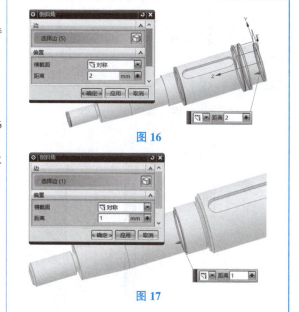 图 16 图 17
13. 创建螺纹 Step1：下拉列表中选择【菜单】→【插入】→【设计特征】→【螺纹】，弹出"螺纹切削"对话框。 Step2：螺纹类型选择"详细"。 Step3：鼠标选中 $\phi 20$ mm 轴段外圆柱面。 此时默认的螺纹起始位置为本轴段左端面，螺纹参数为粗牙普通螺纹参数，若不做更改，学习者可单击鼠标中键就形成螺纹。 Step4：单击"选择起始"，选择轴端面圆作为螺纹起始面，可见白色箭头反向，如图 18 所示。 Step5：将螺纹长度参数修改为 38.5 mm，单击【确定】，完成螺纹创建	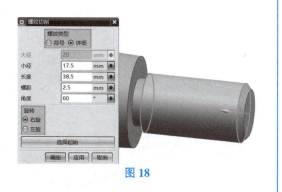 图 18

学习情境 3 实体建模　53

操作内容及说明	图示
14. 创建中心孔 Step1：下拉列表中选择【菜单】→【插入】→【设计特征】→【孔】，弹出"孔"对话框。 Step2："类型"下拉列表中选择"常规孔"。 Step3：选中轴端的两个圆心作为位置点。 Step4："孔方向"选择"垂直于面"。 Step5："成形"下拉列表中选择"埋头"，即创建埋头孔。 Step6：尺寸参数文本框中输入埋头直径 8.5 mm，埋头角度 60°，直径 4 mm，深度限制下拉列表中选择"值"，输入深度值 9 mm，深度直至下拉列表中选择"圆锥顶"，顶锥角 118°，如图 19 所示。 Step7：单击【确定】，完成中心孔的创建。 Step8：单击【保存】，完成此任务	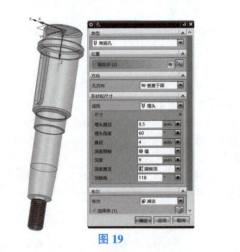 图 19

拓展训练

三通管建模如图 3.4 所示。

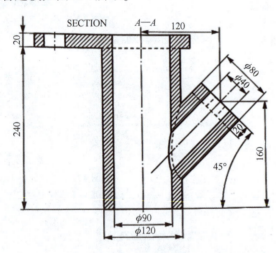

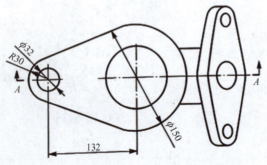

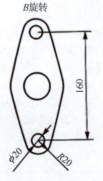

图 3.4　三通管建模

请同学们根据任务实施计划书，结合以上操作步骤以及小组针对任务实施的结果，完成轴的模型创建，并将完成任务过程中出现的问题、解决办法以及心得体会记录在表 3.7 中。

表 3.7　实施过程记录表

任务名称	
实施过程中出现的问题	
解决办法	
心得体会	

五、任务评价

任务评价表如表 3.8 所示。

表 3.8　任务评价表

序号	评价内容与标准	配分	自我评价	组员互评	教师评价	综合评价
1	学习准备，进行任务分析，读图	10 分				
2	制定传动轴的建模方案	10 分				
3	熟练创建草图	15 分				
4	熟练运用拉伸、凸台命令创建主模型特征	10 分				
5	熟练运用键、槽命令创建轴上的细节特征	10 分				
6	熟练运用孔命令创建中心孔	10 分				
7	参与讨论主动性	10 分				
8	沟通协作	15 分				
9	展示汇报	10 分				

阅读材料：曲轴制造工艺大揭秘，看着简单，没点工匠精神真造不出来！

任务 3.3　雪糕杯建模

一、任务要求

本任务要求完成如图 3.5 所示雪糕杯的建模，主要包括以下功能的使用：
(1) 草图创建：草图曲线命令、草图编辑命令、草图约束命令。
(2) 设计特征：旋转命令。
(3) 扫掠命令：沿引导线扫掠。
(4) 细节特征：边倒圆。
(5) 偏置/缩放命令：抽壳。
(6) 关联复制命令：阵列几何特征。

图 3.5　雪糕杯模型

二、任务分析

雪糕杯是回转类零件。此类零件的建模可以采用【旋转】命令，即绘制零件的半剖截面，再绕回转轴线旋转 360°可得。雪糕杯是薄壳类零件，需要对模型进行【抽壳】。另外，雪糕杯属于日用品，设计时需要兼具实用性和美观性，需要对锋利的边缘进行合理的倒圆角处理。学习者可根据产品的实用性和想要呈现的艺术效果，自行拟定相应尺寸。

三、任务计划

请同学们根据任务要求，结合任务分析讯息，制定一份关于任务实施的计划书，并将相关信息填写在表 3.9 中。

表 3.9　任务实施计划书

任务名称	
小组分工	

续表

任务流程图	
任务指令或资源信息	
注意事项	

四、任务实施

雪糕杯建模步骤如表3.10所示。

表3.10 雪糕杯建模步骤

操作内容及说明	图示
1. 新建模型文件 新建雪糕杯.prt 文件，进入建模环境	
2. 创建杯身草图 Step1：单击【主页】选项卡下的【草图】命令，选择 Y-Z 平面作为绘图平面，单击【确定】，进入草图环境。 Step2：绘制如图1所示草图。 Step3：单击【完成草图】，退出草图环境	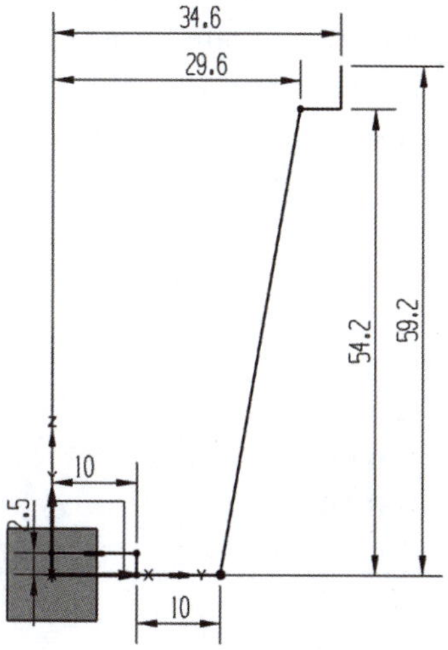 图1

学习情境3 实体建模 57

操作内容及说明	图示
3. 创建杯身实体 Step1：单击【主页】选项卡下的【旋转】命令，弹出"旋转"对话框。 Step2：选取绘制好的草图曲线，"指定矢量"选择 ZC 轴，"指定点"选择坐标原点。 Step3：限制方式开始和结束均选择"值"，开始角度为 0°，结束角度为 360°，如图 2 所示。 Step4：其他默认，单击【确定】按钮，完成杯身实体创建，如图 3 所示。	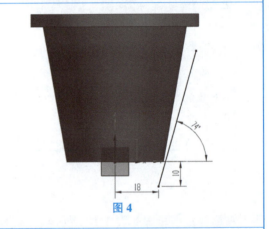 图 2　　　　　图 3
4. 创建扫掠草图 Step1：单击【主页】选项卡下的【草图】命令，选择 Y-Z 平面作为绘图平面，单击【确定】，进入草图环境。 Step2：绘制如图 4 所示草图。 Step3：单击【完成草图】，退出草图环境	 图 4
5. 创建基准平面 Step1：单击【主页】选项卡下的【基准平面】命令，弹出"基准平面"选项卡。 Step2："类型"下拉列表中选择"点和方向"，如图 5 所示。 Step3："通过点"为上一步中所绘直线的端点。 Step4："法线"默认为沿直线方向。 Step5：单击【确定】，生成通过直线端点且垂直于该直线的基准平面，如图 6 所示。	 图 5　　　　　图 6
6. 创建扫掠截面 Step1：单击【主页】选项卡下的【草图】命令，选择上一步中创建的基准平面作为绘图平面，单击【确定】，进入草图环境。 Step2：绘制直径为 10 mm，圆心为直线端点的圆，如图 7 所示，然后退出草图	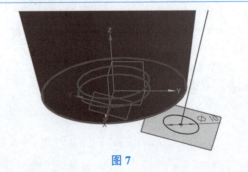 图 7

续表

操作内容及说明	图示
7. 扫掠 Step1：下拉列表中选择【菜单】→【插入】→【扫掠】→【沿引导线扫掠】 ，弹出"沿引导线扫掠"对话框。 Step2：选择上一步中创建的圆作为"截面"，直线作为"引导"。 Step3："布尔"运算方式选择"减去"，选择杯身作为被剪切的体，如图8所示。 Step4：单击【确定】，完成扫掠	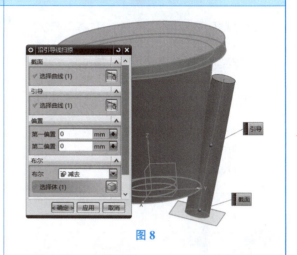 图8
8. 阵列特征 Step1：下拉列表中选择【菜单】→【插入】→【关联复制】→【阵列特征】 ，弹出"阵列特征"对话框。 Step2：选择上一步中创建的扫掠特征作为"要形成阵列的特征"。 Step3："布局"下拉列表中选择"圆形"。 Step4：选择ZC轴为"旋转轴"，默认"指定点"为坐标原点。 Step5：斜角方向文本框中，选择间距为"数量和跨距"，输入数量5，跨角360°，如图9所示。 Step6：单击【确定】，完成阵列	  图9
9. 边倒圆 Step1：单击【菜单】→【插入】→【细节特征】→【边倒圆】 ，弹出"边倒圆"对话框。 Step2：输入半径1 mm，回车，绘图区选择要倒圆的各条边线，如图10所示，单击【确定】按钮	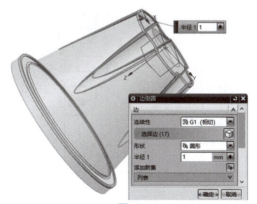 图10
10. 抽壳 Step1：下拉列表中选择【菜单】→【插入】→【偏置/缩放】→【抽壳】 ，弹出"抽壳"对话框	

学习情境3 实体建模

续表

操作内容及说明	图示	
Step2："类型"下拉列表中选择"移除面，然后抽壳"。 Step3：选择顶面作为"要穿透的面"，输入厚度1 mm，此时可预览抽壳后的模型。 Step4：选择抽壳后形成的内壁底面作为"备选厚度"，输入厚度5 mm，可形成杯底厚度为5 mm，杯身厚度为1 mm 的薄壁模型，如图11 所示。 Step5：单击【确定】按钮，完成壳体的创建。 Step6：对内壁锐边进行倒圆角处理。 Step7：单击【保存】，完成此任务		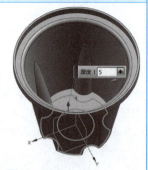 图 11

拓展训练

旋转楼梯建模如图 3.6 所示。

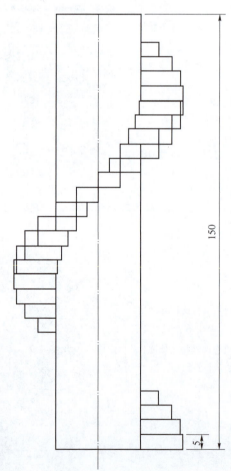

图 3.6　旋转楼梯建模

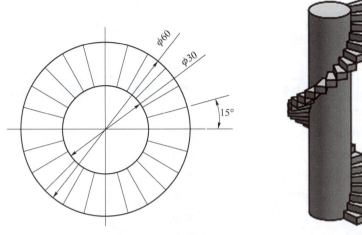

图 3.6 旋转楼梯建模（续）

请同学们根据任务实施计划书，结合以上操作步骤以及小组针对任务实施的结果，完成雪糕杯模型创建，并将完成任务过程中出现的问题、解决办法以及心得体会记录在表 3.11 中。

表 3.11 实施过程记录表

任务名称	
实施过程中出现的问题	
解决办法	
心得体会	

五、任务评价

任务评价表如表 3.12 所示。

表 3.12 任务评价表

序号	评价内容与标准	配分	自我评价	组员互评	教师评价	综合评价
1	学习准备，进行任务分析，读图	10 分				
2	制定雪糕杯的建模方案	10 分				
3	熟练创建草图	15 分				
4	熟练运用旋转命令创建主模型特征	10 分				
5	熟练运用抽壳命令创建薄壁特征	10 分				
6	熟练运用扫掠、阵列特征命令创建凹痕	10 分				
7	参与讨论主动性	10 分				
8	沟通协作	15 分				
9	展示汇报	10 分				

 拓展阅读：设计如何为生活带来创新？

任务 3.4　通气塞建模

一、任务要求

本任务要求完成如图 3.7 所示通气塞的建模，主要包括以下功能的使用：
（1）草图创建：草图曲线命令、草图编辑命令、草图约束命令。
（2）设计特征：旋转、孔、螺纹。
（3）关联复制：阵列特征。
（4）扫掠特征：扫掠。

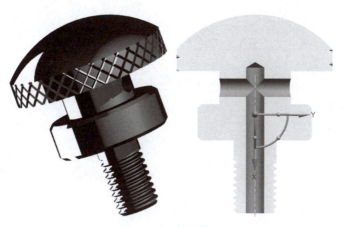

图 3.7　通气塞模型

二、任务分析

从图 3.7 中可以看到，如不考虑孔、螺纹与滚花等细节结构，通气塞的形状是轴对称的。此类零件的建模可以采用【旋转】命令，即绘制零件的半剖截面，再绕回转轴线旋转 360°可得。在得到通气塞的主体结构之后，再来做孔、螺纹与滚花，这就是做此模型的思路。凡是轴对称的零件均可以使用这种建模思路。此模型的难点在于滚花特征的创建。滚花特征的路径是圆周面上的曲线，可将圆周切平面上的曲线投影到圆周面上形成。其原理类似于将照片贴附在圆柱面上的过程。用规定的截面沿着该路径扫掠并去除材料，可获得滚花特征。

三、任务计划

请同学们根据任务要求，结合任务分析讯息，制定一份关于任务实施的计划书，并将相关信息填写在表 3.13 中。

表 3.13　任务实施计划书

任务名称	
小组分工	
任务流程图	
任务指令或资源信息	
注意事项	

四、任务实施

通气塞建模步骤如表 3.14 所示。

表 3.14　通气塞建模步骤

操作内容及说明	图示
1. 新建模型文件 新建通气塞.prt 文件，进入建模环境	
2. 创建主体模型 Step1：单击【主页】选项卡下的【草图】命令，选择 Y-Z 平面作为绘图平面，单击【确定】，进入草图环境。 Step2：绘制如图 1 所示草图，单击【完成草图】，退出草图环境。 Step3：单击【旋转】命令，弹出"旋转"对话框。选取绘制好的草图作为"表区域驱动"曲线，轴矢量选择 ZC 轴，"指定点"选择坐标原点，如图 2 所示。限制方式开始和结束均选择"值"，开始角度为 0°，结束角度为 360°，其他默认，单击【确定】按钮，完成主体结构	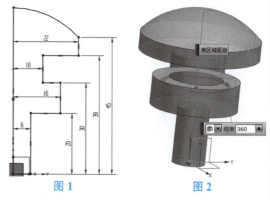 图 1　　　　　图 2
3. 创建钻形孔 单击【孔】命令，弹出"孔"对话框，"类型"下拉列表中选择"常规孔"；选中轴端的圆心作为位置点；"孔方向"选择"垂直于面"；"成形"下拉列表中选择"简单孔"，即创建光孔；尺寸参数文本框中输入直径 5 mm，深度"值"为 40 mm，其他值默认，如图 3 所示，单击【确定】，完成钻形孔的创建	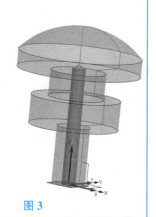 图 3
4. 创建通孔 Step1：创建点。【主页】工具条下选择【点】命令，弹出"点"对话框，参考坐标值输入（X10，Y0，Z34.5），如图 4 所示，单击【确定】，完成通孔位置点的创建	 图 4

学习情境 3　实体建模　65

续表

操作内容及说明	图示
Step2：单击 【孔】命令，"类型"下拉列表中选择"常规孔"；选中上一步中创建的点作为位置点；"孔方向"选择"垂直于面"；"成形"下拉列表中选择"简单孔"；尺寸参数文本框中输入直径 5 mm，深度值输入大于 21 mm，其他值默认，单击【确定】，完成通孔的创建，如图 5 所示	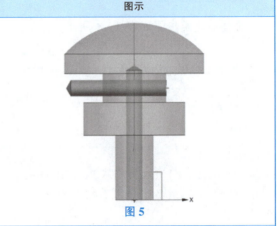 图 5
5. 制作滚花 Step1：创建基准平面。单击 【基准平面】命令，"类型"选择"自动判断"，选择 φ22 mm 外圆柱面作为"要定义平面的对象"，单击【确定】。 Step2：在新建的基准平面上创建如图 6 所示的引导线草图。 Step3：投影曲线。单击【曲线】选项卡中的 【投影曲线】命令，弹出"投影曲线"对话框。"选择条"上的"曲线规则"下拉列表中选择"单条曲线"，选择其中一条直线作为"要投影的曲线或点"；单击"选择对象"将光标移至"要投影的对象"上，"选择条"上的"面规则"下拉列表中选择"单个面"，选择 φ22 mm 外圆柱面作为"要投影的对象"；"投影方向"选择"沿面的法向"，如图 7 所示，单击【应用】。 Step4：同样的方法投影另一曲线，单击【确定】。 Step5：在如图 8 所示平面上创建扫掠截面草图。 Step6：创建扫掠特征。单击 【沿引导线扫掠】命令，选择上一步中创建的草图作为"截面"，"选择条"上的"曲线规则"下拉列表中选择"单条曲线"，选择其中一条投影曲线作为"引导"线；"布尔"选择"减去"，单击【应用】。	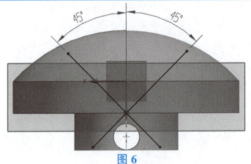 图 6  图 7 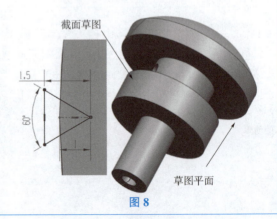 图 8

续表

操作内容及说明	图示
Step7：同样的方法创建由另外一条投影曲线引导的扫掠特征，如图9所示。 Step8：单击 【阵列特征】命令，选择上一步中创建的两个扫掠特征作为"要形成阵列的特征"；"布局"下拉列表中选择"圆形"；选择 ZC 轴为"旋转轴"，默认"指定点"为坐标原点；选择间距为"数量和跨距"，输入数量 35，跨角 360°，单击【确定】，完成滚花，如图 10 所示	 图 9  图 10
6. 创建倒角 【倒斜角】命令创建 $C1$ 倒斜角细节特征	
7. 创建螺纹 单击 【螺纹】命令，螺纹类型选择"详细"；单击 $\phi12$ mm 轴段外圆柱面，再单击轴端面，弹出的对话框中选择"螺纹轴反向"，使白色箭头指向模型，将螺纹长度参数修改为 15 mm，如图 11 所示，单击【确定】，完成螺纹创建，如图 12 所示	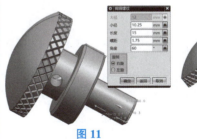  图 11　　　　图 12
8. 保存文件 Step1：单击选择条上的 【显示和隐藏】按钮，弹出"显示和隐藏"对话框，其中"+"表示显示，"-"表示隐藏，单击草图、曲线、基准后面的"-"，隐藏这三种类型的对象，如图 13 所示。 Step2：渲染样式下拉列表中选择 【着色】，学习者也可以进行真实着色渲染。 Step3：单击 【保存】，完成此任务	图 13

学习情境 3　实体建模　67

拓展训练

曲别针建模如图 3.8 所示。

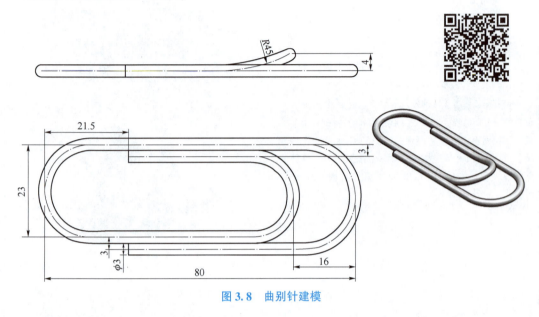

图 3.8　曲别针建模

请同学们根据任务实施计划书，结合以上操作步骤以及小组针对任务实施的结果，完成通气塞的建模，并将完成任务过程中出现的问题、解决办法以及心得体会记录在表 3.15 中。

表 3.15　实施过程记录表

任务名称	
实施过程中出现的问题	
解决办法	
心得体会	

五、任务评价

任务评价表如表 3.16 所示。

表 3.16　任务评价表

序号	评价内容与标准	配分	自我评价	组员互评	教师评价	综合评价
1	学习准备，进行任务分析，读图	10 分				
2	制定通气塞建模方案	10 分				
3	熟练创建草图	15 分				
4	熟练运用回转命令创建主模型特征	10 分				
5	熟练运用扫掠功能创建滚花特征	10 分				
6	熟练运用孔、螺纹、倒斜角命令创建细节特征	10 分				
7	参与讨论主动性	10 分				
8	沟通协作	15 分				
9	展示汇报	10 分				

　从普通钳工到"大国工匠"。

任务 3.5　电吹风外壳建模

一、任务要求

本任务要求完成如图 3.9 所示电吹风外壳模型，主要包括以下功能的使用：
（1）草图创建：草图曲线命令、草图编辑命令、草图约束命令。
（2）设计特征：拉伸。
（3）细节特征：倒圆角。
（4）组合命令：合并、减去。
（5）关联复制命令：镜像特征。

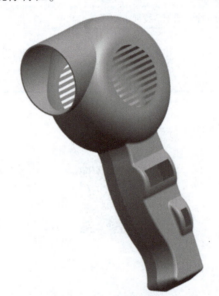

图 3.9　电吹风外壳模型

二、任务分析

如果把电吹风外壳视作一个整体来建模，则比较复杂，可以利用多体组合建模分解模型，制作起来就相对简单了。根据电吹风形状特征，把电吹风分为吹风筒、风机室、手柄三个部分，通过组合构成需求模型。电吹风外壳属于壳体类零件，由均匀的壳体组成，同时在壳体上又有一些中空结构，例如透气孔、开关孔等，因此需要灵活运用基准平面辅助建模。由于电吹风两侧形状差别不大，一侧有开关孔，另一侧没有，其余形状类似，因此可只制作一侧，再镜像出另一侧，然后再开孔。

三、任务计划

请同学们根据任务要求，结合任务分析讯息，制定一份关于任务实施的计划书，并将相关信息填写在表 3.17 中。

表 3.17　任务实施计划书

任务名称	
小组分工	
任务流程图	
任务指令或资源信息	
注意事项	

四、任务实施

电吹风建模步骤如表 3.18 所示。

表 3.18 电吹风建模步骤

操作内容及说明	图示
1. 新建模型文件： 新建电吹风.prt 文件，进入建模环境	
2. 创建吹风筒 Step1：单击 【草图】，选择 X-Y 平面绘制草图。 Step2：绘制直径为 90 mm 的圆，圆心落在坐标原点上，单击 【完成草图】，退出草图环境。 Step3：单击 【拉伸】命令，拉伸高度为 27 mm，拔模方式选择"从起始限制"，角度为 5°，如图 1 所示，单击 【确定】。 Step4：对小端进行边倒圆，圆角半径为 20 mm	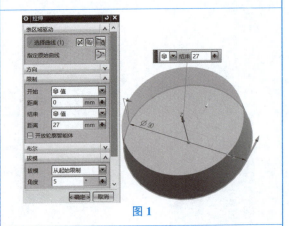 图 1
3. 创建出风口 Step1：单击 【草图】，选择 Y-Z 平面绘制草图。 Step2：绘制直径为 50 mm 的半圆，圆心落在 X 轴上，距离 Y 轴 20 mm，如图 2 所示，单击 【完成草图】。 Step3：单击 【拉伸】命令，拉伸长度为 50 mm，布尔方式选择合并，单击 【确定】，如图 3 所示	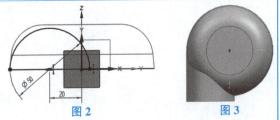 图 2　　图 3
4. 创建手柄 Step1：单击 【草图】，选择 X-Y 平面绘制草图。 Step2：绘制如图 4 所示草图，单击 【完成草图】。 Step3：单击 【拉伸】命令，拉伸长度为 15 mm，布尔方式选择合并，拔模方式选择"从起始限制"，角度为 15°，单击 【确定】	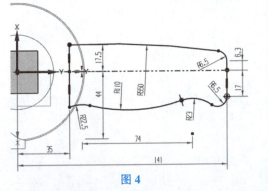 图 4
5. 镜像几何体 下拉列表中选择【菜单】→【插入】→【关联复制】→【镜像几何体】，选择上一步中绘制的几何体作为"要镜像的几何体"，选择 X-Y 平面作为"镜像平面"，如图 5 所示，单击 【确定】。 如采用镜像特征命令，需要选择风筒、出风口和手柄三个特征进行镜像	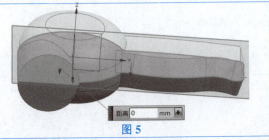 图 5

续表

操作内容及说明	图示
6. 创建开关孔安装位 Step1：单击 【草图】，选择 Y-Z 平面绘制草图。 Step2：绘制如图 6 所示草图，注意断开连接线，得到两个独立的半圆，单击 【完成草图】。 Step3：单击 【拉伸】命令，选择条中将曲线规则改为"相连曲线"，选取左边的半圆作为表区域驱动曲线，在"开始"和"结束"下拉列表中选择"直至延伸部分"，使其延伸到手柄前后两个侧面，布尔方式选择合并，单击【应用】。 Step4：再对右边的半圆进行拉伸，"开始"值为"直至延伸部分"，选择手柄后侧面，"结束"值为1 mm，布尔方式选择合并，单击【确定】，拉伸结果如图 7 所示	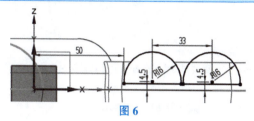 图 6 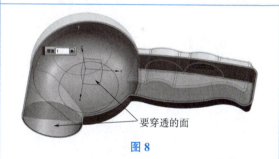 拉伸第二个截面，起始为后侧面，结束为1 拉伸第一个截面，分别延伸至前后面上 图 7
7. 倒圆 对手柄各边线进行倒圆处理，圆角半径 2 mm	
8. 抽壳 Step1：单击 【抽壳】命令，"类型"下拉列表中选择"移除面，然后抽壳"，选出出风口端面和 X-Y 平面作为"要穿透的面"，输入厚度 1 mm，单击【应用】，对第一个几何体进行抽壳，如图 8 所示。 Step2：采用同样的方法，对镜像所得的几何体进行抽壳	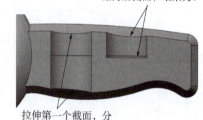 要穿透的面 图 8
9. 创建栅格 单击 【拉伸】命令，表区域驱动中选择 【绘制截面曲线】按钮，弹出【创建草图】对话框，选择 X-Y 平面绘制草图，如图 9 所示，直线间距 2 mm，单击 【完成草图】，回到拉伸命令对话框，在"开始"和"结束"下拉列表中选择"贯通"，布尔方式选择"减去"，单击【确定】	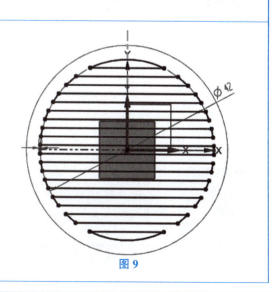 图 9

学习情境 3　实体建模　73

续表

操作内容及说明	图示
10. 完成模型 Step1：采用拉伸命令，创建开关孔和电源线孔。 Step2：隐藏草图并渲染，如图 10 所示。 Step3：单击 【保存】，完成此任务	 图 10

请同学们根据任务实施计划书，结合以上操作步骤以及小组针对任务实施的结果，完成电吹风模型创建，并将完成任务过程中出现的问题、解决办法以及心得体会记录在表 3.19 中。

表 3.19　实施过程记录表

任务名称	
实施过程中出现的问题	
解决办法	
心得体会	

五、任务评价

任务评价表如表 3.20 所示。

表 3.20　任务评价表

序号	评价内容与标准	配分	自我评价	组员互评	教师评价	综合评价
1	学习准备，进行任务分析，读图	10 分				
2	制定电吹风的建模方案	10 分				
3	熟练创建草图	15 分				
4	熟练运用拉伸命令创建主模型特征	10 分				
5	熟练运用抽壳命令创建薄壁特征	10 分				
6	熟练运用镜像几何体命令创建对称几何体	10 分				
7	参与讨论主动性	10 分				
8	沟通协作	15 分				
9	展示汇报	10 分				

 大国工匠｜"徐强精度"带领中国齿轮走向世界。

任务 3.6 话筒建模

一、任务要求

本任务要求完成如图 3.10 所示电话机话筒模型，主要包括以下功能的使用：
（1）草图创建：草图曲线命令、草图编辑命令、草图约束命令。
（2）设计特征：拉伸、旋转。
（3）细节特征：倒圆角。
（4）组合命令：合并、减去。
（5）偏置/缩放：抽壳。

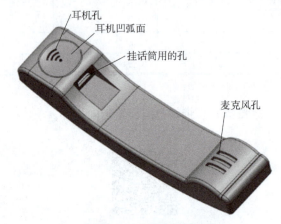

图 3.10　电话机话筒模型

二、任务分析

通常，非曲面建模的建模方式有拉伸、旋转、扫掠等几种，其余的建模方式均是辅助方式，包括孔、长方体、球、边倒圆、抽壳、实例几何体、阵列面、变换等。主要方式是作图的关键，辅助方式可以加快作图速度，方便操作，很好地掌握这二者的关系，可以起到事半功倍的效果。

另外，根据前面介绍的堆砌法，在制作模型时，先作大的结构，即主要结构，而主要结构又可能由拉伸、旋转、扫掠等多种方式中的一种或多种共同完成；然后作细节，即作诸如孔、边倒圆等，在大结构上堆砌其他结构，直到完成作图为止。

话筒结构复杂，细节特征较多，要作出本例的模型，首先须分析模型的形状适合哪种建模方式。如果不考虑耳机孔、耳机凹弧面、挂话筒用的孔、麦克风孔以及边倒圆等特征的话，主体结构平行于侧面的截面是处处一致的，这类特征可以通过拉伸获得。所以，建模时可以先作一个话筒侧面外形轮廓草图，对此草图进行拉伸获得基体，然后再叠加其他细节特征。同时要注意，话筒是中空壳体类结构，需要在适当的时候将整个模型内部抽空。

三、任务计划

请同学们根据任务要求,结合任务分析讯息,制定一份关于任务实施的计划书,并将相关信息填写在表 3.21 中。

表 3.21 任务实施计划书

任务名称	
小组分工	
任务流程图	
任务指令或资源信息	
注意事项	

四、任务实施

话筒建模步骤如表 3.22 所示。

表 3.22　话筒建模步骤

操作内容及说明	图示
1. 新建模型文件 新建话筒.prt 文件，进入建模环境	
2. 创建话筒主体 Step1：单击 🔲【草图】，选择 X-Y 平面绘制草图。 Step2：绘制如图 1 所示草图，注意圆弧 $R282$ mm 与 $R300$ mm 为同心圆且圆心在坐标原点上，$R5$ mm 圆弧与 $R282$ mm 圆弧相切，$R26$ mm 圆弧的圆心不在 $R300$ mm 圆弧曲线上，草图左端 $R14$ mm 圆弧与相邻的长度为 11 mm 的直线并不相切。 Step3：单击 🔲【拉伸】命令，拉伸限制方式下拉列表中选择"对称值"，距离为 22.5 mm，如图 2 所示，即话筒实体宽度为 45 mm，单击【确定】	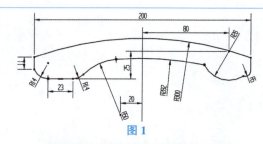图 1 图 2
3. 生成耳机凹弧面 Step1：绘制辅助直线。下拉列表中选择【菜单】→【插入】→【曲线】→【直线】命令 ✏️，选择听筒平面两边线的中点作为直线的起点和终点，单击【确定】，如图 3 所示。 Step2：绘制辅助平面。单击 🔲【基准平面】命令，"类型"选择"成一角度"，选择听筒平面作为"平面参考"，选择上一步中绘制的直线作为"通过轴"，角度值输入 90°，如图 4 所示，单击【确定】。 Step3：绘制耳机凹弧面草图。单击 🔲【草图】，选择上一步中生成的辅助平面作为草图平面，绘制半径为 60 mm 的圆，注意圆心与话筒左端面距离为 22.5 mm，圆上第四象限点与辅助直线的距离为 2 mm，过圆心绘制一条竖直线并转换为参考，如图 5 所示。 Step4：单击 🔲【旋转】命令，选择圆作为"表区域驱动"，选择参考直线作为"轴"，限制开始角度值为 0°、结束角度值为 360°，布尔方式选择"减去"，单击【确定】按钮	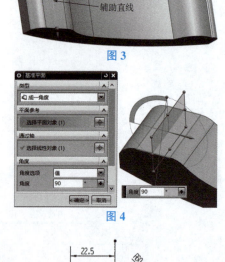图 3　　图 4 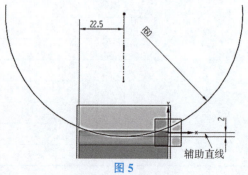图 5

续表

操作内容及说明	图示
4. 倒圆 　　对话筒各边线进行倒圆处理，圆角半径 2.5 mm。单击"主页"工具条中的"边倒圆"图标，出现"边倒圆"对话框，同时将"选择条"中"曲线规则"下拉列表中选择"体的边"，然后选择话筒的任意边，出现边倒圆的预览效果，在"边倒圆"对话框中将"半径 1"的值改为 2.5 后单击鼠标中键，则所有边都倒了 2.5 mm 的圆边，如图 6 所示	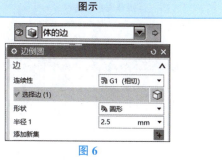 图 6
5. 创建挂话筒的凹面 Step1：单击【草图】，选择耳机平面绘制草图。 Step2：绘制如图 7 所示草图。 Step3：单击【拉伸】命令，选择上一步中作的矩形，使拉伸的方向朝向实体，如果方向不对，可单击"方向"中的【反向】图标，"布尔"类型选择"减去"，设置拉伸"开始"值为 0，"结束"值为 15，单击【确定】	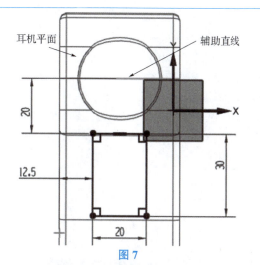 图 7
6. 抽壳 　　单击【抽壳】命令，"类型"下拉列表中选择"对所有面抽壳"，选择话筒作为"要抽壳的体"，输入厚度 2 mm，单击【确定】，则整个话筒被抽壳了，如图 8 所示。原来话筒内部是实心的，现在变成了空心的，壁厚为 2 mm，但看上去没有变化	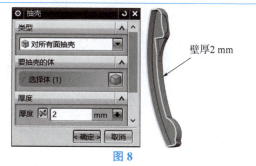 图 8
7. 制作挂话筒孔 Step1：单击【草图】，选择挂话筒凹面的竖直平面绘制草图。 Step2：绘制如图 9 所示草图	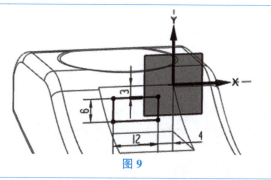 图 9

学习情境 3　实体建模　　79

续表

操作内容及说明	图示
Step3：单击【拉伸】命令，选择上一步中作的矩形，使拉伸的方向朝向实体，"布尔"类型选择"减去"，设置拉伸"开始"值为0，"结束"值为5，单击【确定】，拉伸结果如图10所示	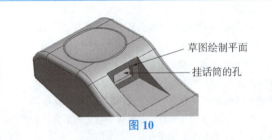 图 10
8. 制作麦克风孔 Step1：单击【草图】，选择耳机平面绘制草图。 Step2：绘制如图11所示三个高度为18 mm、宽度为3 mm、间距为3 mm的矩形。 Step3：单击【拉伸】命令，选择上一步中的草图，设置"限制"方式为"对称值"，距离为8，"布尔"类型选择"减去"，单击【确定】，拉伸结果如图12所示	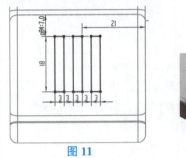 图 11　　 　　　　　图 12
9. 制作听筒孔 Step1：单击【草图】，选择耳机平面绘制草图。 Step2：绘制7个同心圆，如图13所示。 Step3：单击【拉伸】命令，选择上一步中的草图，设置"限制"方式为"对称值"，距离为8 mm，"布尔"类型选择"减去"，单击【确定】	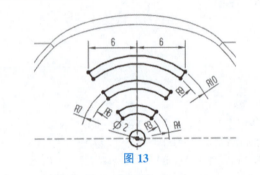 图 13
10. 完成模型 Step1：隐藏草图并渲染，如图14所示。 Step2：单击【保存】，完成此任务	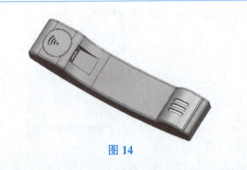 图 14

拓展训练

连接板建模如图3.11所示。

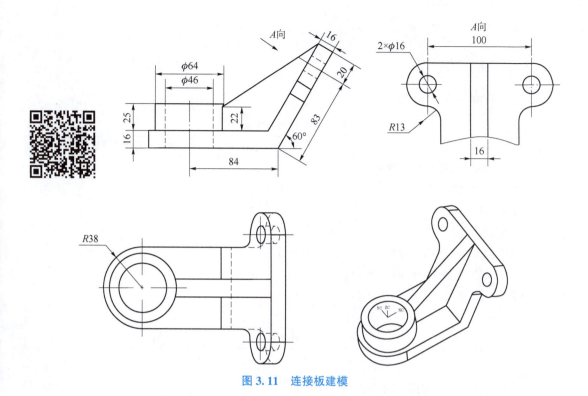

图 3.11 连接板建模

请同学们根据任务实施计划书,结合以上操作步骤以及小组针对任务实施的结果,完成话筒模型创建,并将完成任务过程中出现的问题、解决办法以及心得体会记录在表 3.23 中。

表 3.23 实施过程记录表

任务名称	
实施过程中出现的问题	
解决办法	
心得体会	

学习情境 3 实体建模

五、任务评价

任务评价表如表 3.24 所示。

表 3.24　任务评价表

序号	评价内容与标准	配分	自我评价	组员互评	教师评价	综合评价
1	学习准备,进行任务分析,读图	10 分				
2	制定话筒的建模方案	10 分				
3	熟练创建主模型草图	15 分				
4	熟练运用拉伸命令创建主模型特征	10 分				
5	熟练运用抽壳命令创建薄壁特征	10 分				
6	巧妙运用平面,绘制各细节特征的草图	10 分				
7	参与讨论主动性	10 分				
8	沟通协作	15 分				
9	展示汇报	10 分				

 大国工匠｜创新有心人。

学习情境 4　曲　面　建　模

情境提要

实体模型的外表是由曲面构成的。曲面定义了实体的外形，曲面可以是平的也可以是弯曲的。曲面模型与实体模型的区别在于所包含的信息不同。实体模型外表总是封闭的，没有任何缝隙和重边；曲面模型可以不封闭，几个曲面之间可以不相交，可以有缝隙和重叠。实体模型所包含的信息是完备的，系统知道哪些空间位于实体"内部"，哪些位于实体"外部"，而曲面模型则缺乏这种信息的完备性。可以把曲面看作是极薄的薄壁特征，曲面只有形状，没有厚度。当把多个曲面结合在一起，使得曲面的边界重合并且没有缝隙后，可以把结合的曲面进行"填充"，将曲面转化成实体。

曲面建模不同于实体建模，不具备完全参数化的特征。被用在产品造型设计、工业造型设计等领域，如玩具、日用品、生活器皿等。工程应用中的曲面形状一般要求准确，精度要求较高，需要进行精确建模。本教学情境只介绍可控参数化曲面建模方式。

在曲面建模时，需要注意以下几个基本原则：

（1）创建曲面的边界曲线尽可能简单。一般情况下，曲线阶次不大于 3。当需要曲率连续时，可以考虑使用五阶曲线。

（2）用于创建曲面的边界曲线要保持光滑连续，避免产生尖角、交叉和重叠。

（3）避免创建非参数化曲面特征。

（4）根据不同部件的形状特点，合理使用各种曲面特征创建方法。尽量采用实体修剪，再采用抽壳方法创建薄壳零件。

（5）曲面特征之间的圆角过渡尽可能在实体上进行操作。

（6）曲面的曲率半径和内圆角半径不能太小，要略大于标准刀具的半径，否则容易造成加工困难。

一般来说，创建曲面都是从曲线开始的。可以通过点创建曲线来创建曲面，也可以通过抽取或使用视图区已有的特征边缘线创建曲面。其一般的创建过程如下：

（1）首先创建曲线。可以用测量得到的云点创建曲线，也可以从光栅图像中勾勒出用户所需曲线。

（2）根据创建的曲线，利用过曲线、直纹、过曲线网格、扫掠等选项，创建产品的主要或者大面积的曲面。

（3）利用桥接面、二次截面、软倒圆、N-边曲面选项，对前面创建的曲面进行过渡接连；利用裁剪分割等命令编辑调整曲面；利用光顺命令来改善模型质量，最终得到完整的产品初级模型。

(4) 利用渲染功能添加材质以及环境背光等,最后得出效果图。

本教学情境包括饮料罐、足球等2个曲面建模案例。通过完成以上任务,读者可以了解曲面的创建、编辑、变换等功能的使用方法。本情境还提供了2个练习任务,供学有余力的读者练习和巩固。

学习目标

本项目对标《机械产品三维模型设计职业技能等级标准》知识点:
(1) 中级能力要求1.2.1 掌握零件建模的国家标准,熟悉曲面建模的相关知识。
(2) 中级能力要求1.2.2 能运用空间曲线设计方法,正确创建空间曲线。
(3) 中级能力要求1.2.3 依据创建的空间曲线,能使用空间曲面设计方法,正确创建空间曲面。
(4) 中级能力要求1.2.4 依据创建的空间曲线,能正确构建曲面模型。
(5) 中级能力要求1.2.5 依据工作任务要求,能运用编辑方法,修改简单曲面模型。

知识目标:
(1) 空间曲线的创建和编辑方法;
(2) 曲面模型的构建和编辑方法。

技能目标:
(1) 能根据模型特点,选择恰当的曲面成型方法;
(2) 能熟练创建空间曲线,并能对曲线进行编辑、变换等操作;
(3) 能熟练运用曲线网格构建曲面,然后得到实体;
(4) 在曲面建模时能熟练运用曲面编辑功能。

素质目标:
(1) 树立正确的职业发展观,具有良好的职业道德和职业素养;
(2) 养成认真阅读图纸、技术要求等技术文件的能力;
(3) 养成团队协作的好习惯,同学互帮互助,形成良好学习风气;
(4) 经常自我总结与反思,培养分析决策能力。

任务 4.1　饮料罐的建模

一、任务要求

本任务要求完成如图 4.1 所示饮料罐的建模，主要包括以下功能的使用：
（1）草图创建：草图曲线命令、草图编辑命令、草图约束命令。
（2）曲面创建：直纹、通过曲线组。
（3）扫掠命令：扫掠。
（4）修剪命令：修剪体。

图 4.1　饮料罐模型

饮料罐罐身是相对规则的曲面。若沿着罐身轴线做若干法平面，均可得到规则的截面线，此类特征模型可采用截面法建模。建模时，需要先建若干基准平面，在各平面上绘制截面草图，然后利用曲面命令完成建模。也可以利用曲线命令，绘制空间曲线代替草图截面。罐柄则可通过固定截面沿规定路径扫掠获得。读者也可以设计其他类似水罐、茶壶等，要求美观实用。

二、任务计划

请同学们根据任务要求，结合任务分析讯息，制定一份关于任务实施的计划书，并将相关信息填写在表 4.1 中。

表 4.1　任务实施计划书

任务名称	
小组分工	

续表

任务流程图	
任务指令或 资源信息	
注意事项	

三、任务实施

饮料罐建模步骤如表 4.2 所示。

表 4.2　饮料罐建模步骤

操作内容及说明	图示
1. 新建模型文件 新建饮料罐.prt 文件，进入建模环境	
2. 创建罐嘴草图 Step1：单击 【草图】，选择 X-Y 平面绘制草图。 Step2：绘制如图 1 所示草图	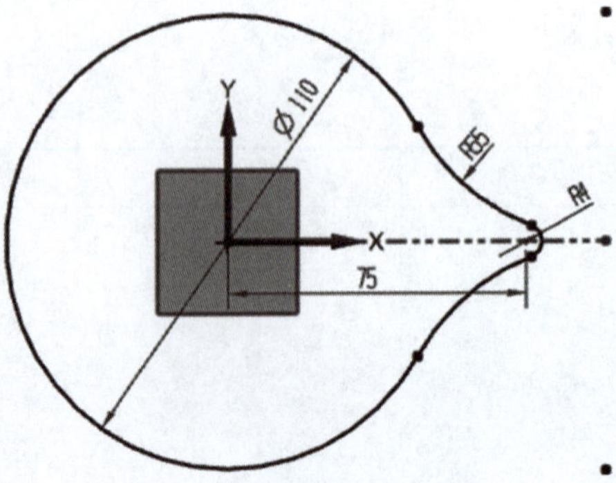 图 1

86　■ CAD/CAM 技术应用实例

续表

操作内容及说明	图示
3. 创建 5 个基准平面 Step1：选择 □【基准平面】命令，类型"按某一距离"，"平面参考"选择 X-Y 平面，"偏置距离"文本框中输入"20"，平面数量文本框中输入"2"，注意方向，单击【应用】，如图 2 所示。 Step2：类型"按某一距离"，"平面参考"选择已创建的第 2 个平面，"偏置距离"文本框中输入"70"，平面数量文本框中输入"1"，注意方向，单击【应用】。 Step3：类型"按某一距离"，"平面参考"选择已创建的第 3 个平面，"偏置距离"文本框中输入"60"，平面数量文本框中输入"2"，注意方向，单击【确定】，如图 3 所示	 图 2 图 3
4. 绘制草图 分别在 5 个基准平面上绘制直径为 75 mm、30 mm、100 mm、130 mm、70 mm 的圆作为草图，如图 4 所示	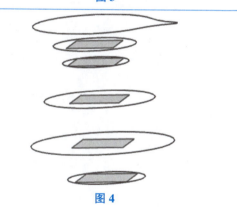 图 4
5. 作罐嘴曲面 Step1：下拉列表中选择【菜单】→【插入】→【网格曲面】→【直纹】 ◎ ，打开"直纹"命令对话框。 Step2：将【曲线规则】改为"相切曲线"。 Step3：选择 2 个草图曲线，注意遵循起点同侧同方向原则，选择曲线时应靠近断点处。 Step4：将"保留形状"前的"✔"去掉，将"对齐"选项设为"弧长"，如图 5 所示，单击"确定"	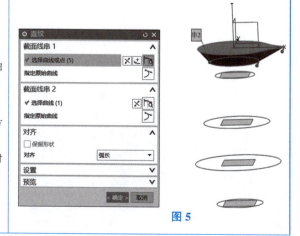 图 5

操作内容及说明	图示
6. 制作罐身曲面 Step1：下拉列表中选择【菜单】→【插入】→【网格曲面】→【通过曲线组】，打开"通过曲线组"命令对话框。 Step2：选中 5 个圆作为截面线，遵循起点同侧同方向原则。 Step3：将对话框中的"连续性"下的"第一个截面"内容设为"G1"，接着选中罐嘴曲面，保证相切。 Step4：将"保留形状"前的"✔"去掉，将"对齐"内容设为"弧长"，如图 6 所示，单击"确定"。	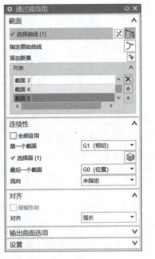  图 6
7. 合并 将罐嘴曲面、罐身曲面合并为一个整体，如图 7 所示	  图 7
8. 抽壳 选择【抽壳】命令，类型为"移除面，然后抽壳"，"要穿透面"选择罐嘴上表面，"厚度"文本框中输入"1.5"，如图 8 所示，单击【确定】	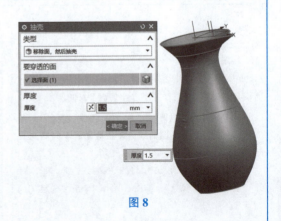 图 8

续表

操作内容及说明	图示
9. 制作罐柄草图 Step1：选择 XC-YC 平面绘制罐柄草图，如图 9 所示。 Step2：创建基准平面，"类型"选择"点和方向"，选择罐柄草图曲线上面的起点作为"通过点"。 Step3：以此基准平面作为草图平面，绘制大半径为 8 mm、小半径为 5 mm 的椭圆	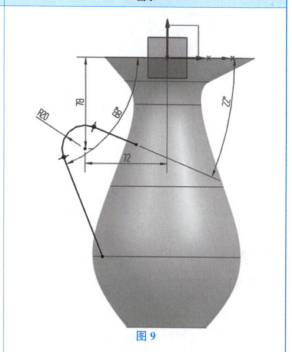 图 9
10. 完成罐柄 下拉列表中选择【菜单】→【插入】→【扫掠】→【沿引导线扫掠】，"截面"选择椭圆，"引导"选择罐柄草图曲线，如图 10 所示，单击"确定"	 图 10
11. 修剪罐柄多出部分 下拉列表中选择【菜单】→【插入】→【同步建模】→【替换面】，打开"替换面"命令对话框，"原始面"选择罐柄端面，"替换面"选择罐身内壁面，如图 11 所示，单击"确定"	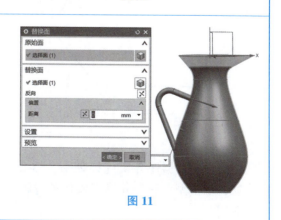 图 11

续表

操作内容及说明	图示
12. 完成建模 将罐身曲面、罐柄合并为整体并保存,完成建模,如图 12 所示	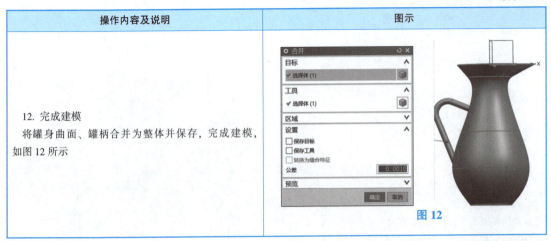 图 12

 拓展训练

香水瓶建模如图 4.2 所示。

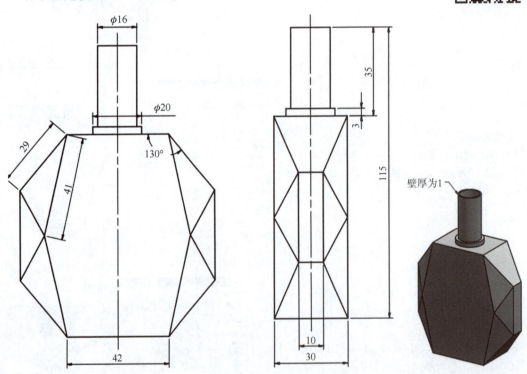

图 4.2 香水瓶建模

请同学们根据任务实施计划书,结合以上操作步骤以及小组针对任务实施的结果,完成饮料罐模型创建,并将完成任务过程中出现的问题、解决办法以及心得体会记录在表 4.3 中。

表 4.3 实施过程记录表

任务名称	
实施过程中出现的问题	
解决办法	
心得体会	

四、任务评价

任务评价表如表 4.4 所示。

表 4.4 任务评价表

序号	评价内容与标准	配分	自我评价	组员互评	教师评价	综合评价
1	学习准备，进行任务分析，查阅资料	10 分				
2	制定饮料罐的建模方案	10 分				
3	熟练运用基准平面和草图命令创建各截面草图	15 分				
4	熟练运用曲面功能创建实体	10 分				
5	熟练运用扫掠命令创建实体	10 分				
6	巧妙运用修剪体命令完成实体造型	10 分				
7	参与讨论主动性	10 分				
8	沟通协作	15 分				
9	展示汇报	10 分				

拓展阅读：中国"互联网+"大学生创新创业大赛。

任务 4.2 　足球的建模

一、任务要求

本任务要求完成如图 4.3 所示足球的建模，主要包括以下功能的使用：
(1) 草图创建：草图曲线命令、草图编辑命令、草图约束命令。
(2) 空间曲线创建：相交曲线。
(3) 曲面操作命令：分割、加厚。
(4) 关联复制：阵列几何特征。

图 4.3 　足球模型

二、任务分析

一个标准的足球具有 60 个顶点和 32 个面，其中 12 个为正五边形，20 个为正六边形，并且这些多边形表面均为球面。由于这些多边形的夹角是有几何规律的，本任务中直接利用现有数学结论进行建模，有兴趣的读者可以关注拓展阅读《足球建模的数学原理》。

三、任务实施

足球建模步骤如表 4.5 所示。

表 4.5 　足球建模步骤

操作内容及说明	图示
1. 新建模型文件 新建足球.prt 文件，进入建模环境	
2. 创建草图 进入草图环境，"草图类型"选择"在平面上"，以"自动判断"方式选择 X-Y 平面作为草图平面，如图 1 所示	图 1

续表

操作内容及说明	图示
3. 绘制草图（图2） Step1：绘制中心在原点，直径为 100 mm 的圆，并将其转为参考； Step2：绘制正五边形，其外接圆直径为 100 mm； Step3：绘制长度为 50 mm 两直线，并与五边形最近相邻边夹角为 120°	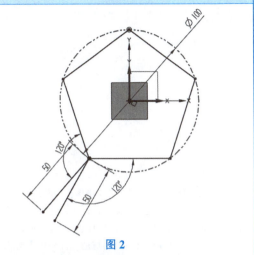 图 2
4. 创建旋转片体 分别以上一步两直线为旋转截面线，五边形的最近相邻边作旋转轴线，获得两旋转片体，如图 3 所示	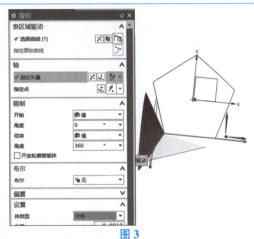 图 3
5. 生成两片体交线 下拉列表中选择【菜单】→【插入】→【派生曲线】→【相交曲线】 ，弹出"相交曲线"对话框，如图 4 所示，选择两旋转片体，得到两片体的相交曲线，如图 5 所示	  图 4　　　　　图 5
6. 完成六边形绘制 Step1：隐藏两片体，运用其中一条相交曲线创建基准平面，如图 6 所示。 Step2：以此基准平面作为草图绘制平面，绘制六边形。 Step3：运用约束，使六边形的边与正五边形边共线等长	  图 6

学习情境 4　曲面建模　93

操作内容及说明	图示
7. 创建球体 Step1：创建球心。选择 YC-ZC 平面作为草图平面，先通过原点绘制一条竖直直线，再通过六边形中心绘制另一条直线，运用约束确保该直线与六边形所在平面垂直，这两条直线的交点即为球心，并修剪多余线段，如图 7 所示。 Step2：创建球体。注意球体直径选取，不要包络五边形和六边形，如图 8 所示	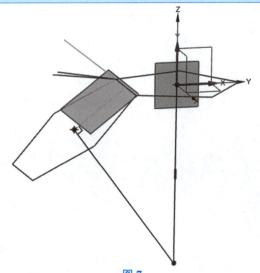 图 7   图 8
8. 创建分割面 Step1：下拉列表中选择【插入】→【修剪】→【分割面】，在球体上分别创建五边形和六边形分割面，如图 9 所示。 Step2：下拉列表中选择【插入】→【偏置/缩放】→【加厚】，将所创建分割面分别加厚 3 mm。 Step3：隐藏球体、草图、基准。 Step4：将加厚的面进行边倒圆，值设为 1.5 mm。 Step5：为两个面设置不同颜色，如图 10 所示	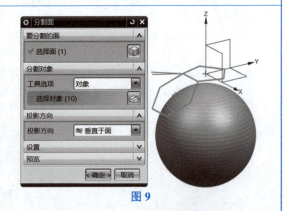 图 9  图 10

续表

操作内容及说明	图示
9. 完成一半足球实体 Step1：选择"阵列几何特征"命令，"要形成阵列的几何特征"选择六边形面，圆形阵列类型，"数量"设为5，"跨角"设为360°，如图11所示。 Step2：选择"阵列几何特征"命令，"要形成阵列的几何特征"选择五边形面，圆形阵列类型，"数量"设为2，"跨角"设为120°，结果如图12所示。 Step3：选择"阵列几何特征"命令，"要形成阵列的几何特征"选择上一步阵列出的五边形面，圆形阵列类型，"数量"设为5，"跨角"设为360°，结果如图13所示。 Step4：选择"阵列几何特征"命令，"要形成阵列的几何特征"选择六边形面，圆形阵列类型，"数量"设为2，"跨角"设为120°，结果如图14所示。 Step5：选择"阵列几何特征"命令，"要形成阵列的几何特征"选择六边形面，圆形阵列类型，"数量"设为5，"跨角"设为360°，结果如图15所示	 图 11 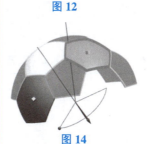 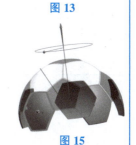 图 12　　　图 13 图 14　　　图 15
10. 完成足球建模 Step1：选择"阵列几何特征"命令，"要形成阵列的几何特征"选择已完成的一半足球实体，圆形阵列类型，"数量"设为2，"跨角"设为180°，如图16所示； Step2：选择"合并"命令将所创建所有面合为一个整体并保存，完成建模	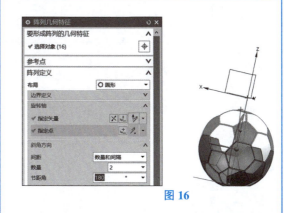 图 16

 拓展训练

螺丝刀建模如图4.4所示。

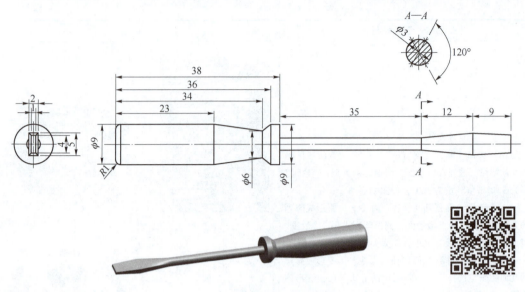

图 4.4　螺丝刀工程图

请同学们根据任务实施计划书，结合以上操作步骤以及小组针对任务实施的结果，完成足球模型创建，并将完成任务过程中出现的问题、解决办法以及心得体会记录在表 4.6 中。

表 4.6　实施过程记录表

任务名称	
实施过程中出现的问题	
解决办法	
心得体会	

四、任务评价

任务评价表如表 4.7 所示。

表 4.7 任务评价表

序号	评价内容与标准	配分	自我评价	组员互评	教师评价	综合评价
1	学习准备，进行任务分析，查阅资料	10 分				
2	制定足球的建模方案	10 分				
3	熟练运用曲线功能构造空间曲线	15 分				
4	熟练运用曲面功能创建片体	10 分				
5	熟练运用阵列功能复制几何体	10 分				
6	巧妙运用渲染功能完成造型	10 分				
7	参与讨论主动性	10 分				
8	沟通协作	15 分				
9	展示汇报	10 分				

拓展阅读："挑战杯"全国大学生课外学术科技作品竞赛。

学习情境 5 装配设计

情境提要

一套机器设备往往由多个部件（零件）装配而成，各零件间有运动与非运动的相互关系以及配合关系。

传统的产品设计思路是串行的，即按照一定的顺序进行。它的核心思想是将产品开发过程尽可能细地划分为一系列串联的工作环节，由不同技术人员分别承担不同环节的任务，依次执行和完成。设计一个产品，先作装配图，后拆画零件图，然后是加工、检测、出产品，整个过程就是一条流水线，前面没完成，后面就不能进行。现代设计采用的是并行模式。并行设计是一种对产品及其相关过程（包括制造过程和支持过程）进行并行和集成设计的系统化工作模式。其基本思想是在产品开发的初始阶段（即规划和设计阶段），就以并行的方式综合考虑其寿命周期中所有后续阶段（包括工艺规划、制造、装配、试验、检验、经销、运输、使用、维修、保养直至回收处理等环节），降低产品成本，提高产品质量。并行设计是充分利用现代计算机技术、现代通信技术和现代管理技术来辅助产品设计的一种现代产品开发模式。它站在产品设计、制造全过程的高度，打破传统的部门分割、封闭的组织模式，强调多功能团队的协同工作，重视产品开发过程的重组和优化。在 UG 中，具体体现在零件的三维建模、装配、加工编程、工程图等均可同步交叉进行。因此，计算机辅助设计工程软件装配功能在一定程度上改变了传统的设计理念。

UG 装配的作用还体现在以下几个方面：

（1）作为工人装配机器的依据。工人通过看装配平面图与三维图安装与维护设备、UG 的爆炸图、剖切图等先进工具，配合人机交互设备，可以让装配关系更加清晰地呈现在操作者面前。

（2）可以对机器进行干涉检查、静力学与动力学分析、配合件间隙分析等。

（3）实现设计与装配组合，边设计边装配、边装配边设计，同时可以对已经设计完成的零部件进行编辑。

本学习情境以虎钳的开发设计为例，介绍普通装配与设计装配两种开发设计操作方式。通过学习，了解产品装配设计的一般过程，掌握基本技能和常用技巧。同时，通过组内分工完成学习任务，培养学习者协同工作意识。

学习目标

本项目对标《机械产品三维模型设计职业技能等级标准》知识点：

(1) 中级能力要求1.3.1 依据装配建模要求，能运用装配知识，分析机械部件的装配关系。

(2) 中级能力要求1.3.2 根据装配模型结构特点与功能要求，能调用模型中主要零部件，确定装配基准件。

(3) 中级能力要求1.3.3 依据模型装配要求，能选择合适的装配约束，按顺序调用已完成设计的装配单元，正确装配机械部件模型。

(4) 中级能力要求1.3.4 依据机械部件模型的装配要求，能检查各装配单元的约束状态和干涉情况。

知识目标：

(1) 掌握普通装配的一般过程；
(2) 理解装配建模的方法；
(3) 掌握制作装配图和爆炸图的方法。

技能目标：

(1) 会使用装配导航器；
(2) 会使用各种装配约束对各零件进行约束从而构建装配体；
(3) 能在装配过程中灵活运用镜像、阵列部件；
(4) 能在装配体中编辑部件；
(5) 会创建装配爆炸图；
(6) 会调用标准件；
(7) 会处理各版本零件模型的兼容问题。

素质目标：

(1) 树立正确的职业发展观，具有良好的职业道德和职业素养；
(2) 养成认真阅读图纸、技术要求等技术文件的习惯；
(3) 养成团队协作的好习惯，同学互帮互助，形成良好学习风气；
(4) 经常自我总结与反思，培养分析决策能力。

任务 5.1　虎钳装配设计

一、任务要求

根据装配示意图（图 5.1）和零件工程图（图 5.2～图 5.10），完成机用虎钳的装配设计。

（1）装配建模。

（2）装配约束。

（3）爆炸图。

（4）标准件调用。

图 5.1　虎钳装配图模型图

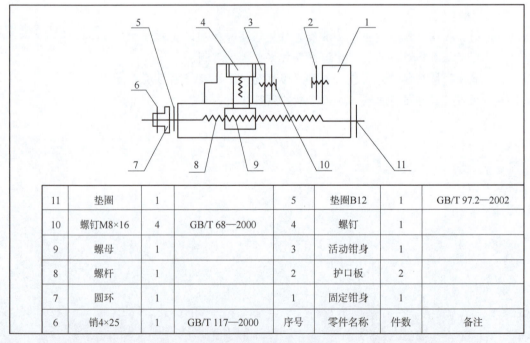

11	垫圈	1		5	垫圈B12	1	GB/T 97.2—2002
10	螺钉M8×16	4	GB/T 68—2000	4	螺钉	1	
9	螺母	1		3	活动钳身	1	
8	螺杆	1		2	护口板	2	
7	圆环	1		1	固定钳身	1	
6	销4×25	1	GB/T 117—2000	序号	零件名称	件数	备注

图 5.2　虎钳装配示意图

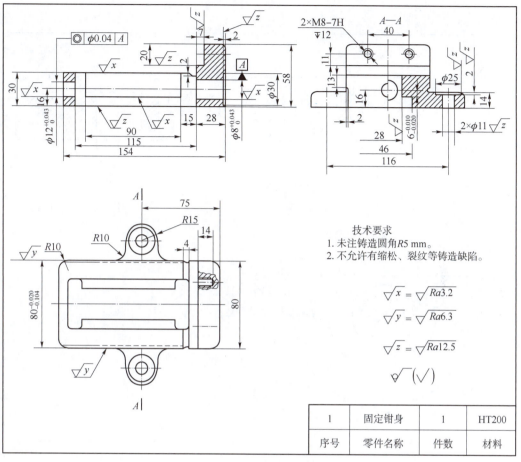

图 5.3　固定钳身工程图

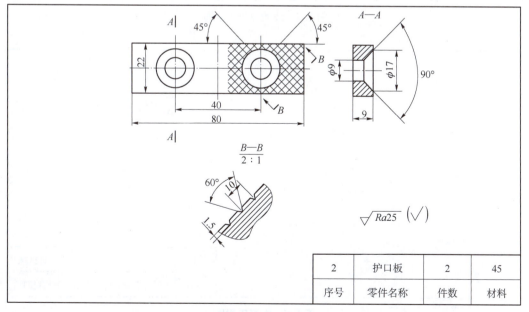

图 5.4　护口板工程图

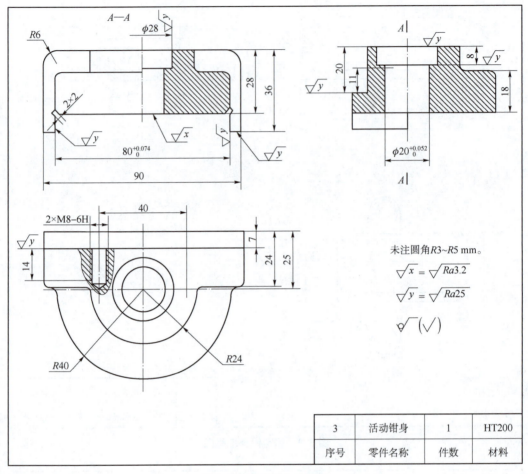

图 5.5 活动钳身工程图

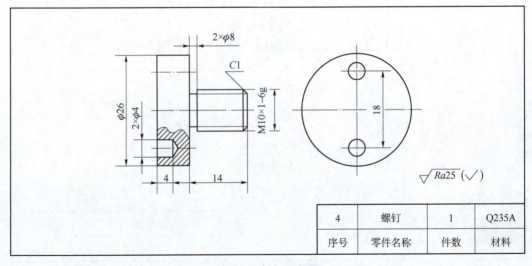

图 5.6 螺钉工程图

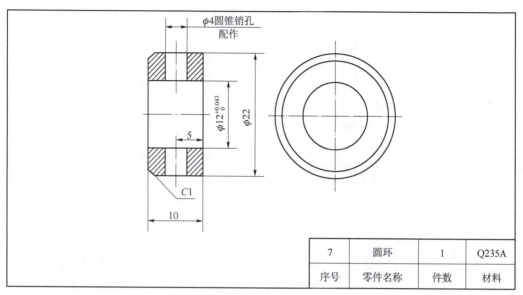

图 5.7 圆环工程图

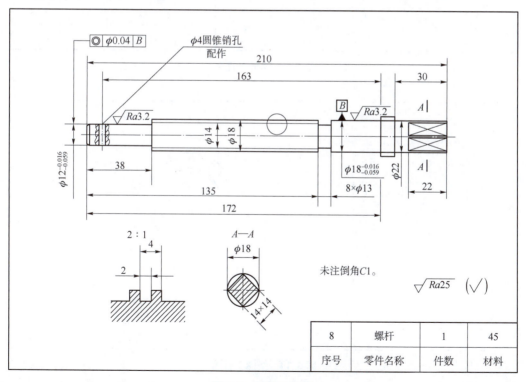

图 5.8 螺杆工程图

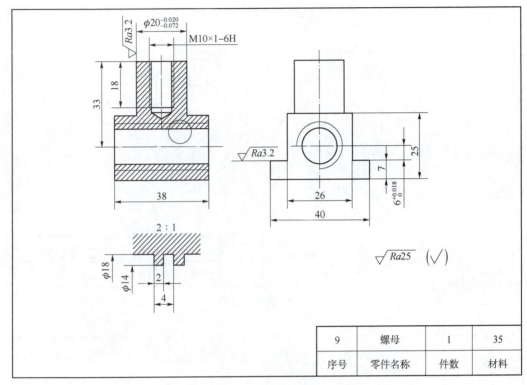

图 5.9 螺母工程图

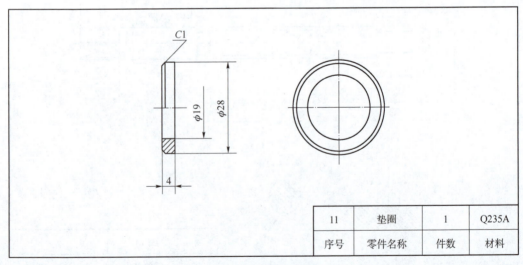

图 5.10 垫圈工程图

二、任务分析

机用虎钳是安装在机床工作台上,用于夹紧工件,以便进行切削加工的一种通用夹具。虎钳共有零件 11 种,其中标准件 3 种,非标准件 8 种。标准件可在 UG 重用库中调用,调用时必须对其进行另存,否则将可能导致其在装配体中丢失。非标准件需要根据要求进行设计。由于本项目提供了详细的零件工程图,故可采用"自底向上"的设计方式,即是完成了所有零件的三维模型之后,再通过装配约束,将各零件模型按图纸要求装配在一起。由于虎钳零件数量不多,也可采用"自顶向下"的设计方式,小组内分工协作共同完成该项目。在设计三维模型时进行装配,设计一个模型,就装配一个,如此不断进行下去,就可以完成一个完整的设备的装配与设计。这种设计方法的好处是,能快速进行产品开发,并快速发现设计中尺寸间的干涉与矛盾的情况,并及时纠正;能同时进行加工编程操作;能同时进行工程图制作;能对已经设计的部分进行各种分析,正因为如此,自顶向下设计可以进行并行操作,加快工程进展。但也存在一个问题,就是对电脑的运算能力要求较高,特别是当零件数量较多时。本任务采用了自顶向下的设计方式完成。

固定钳身 1 可安装在机床的工作台上,起机座的作用。螺杆 8 与圆环 7 之间通过圆锥销 6 连接,螺杆 8 只能在固定钳身 1 上转动。活动钳身 3 的底面与固定钳身 1 的顶面相接触,螺母 9 的上部装在活动钳身 3 的孔中,它们之间通过螺钉 4 固定在一起,而螺母的下部与螺杆之间通过螺纹连接起来。用扳手转动螺杆 8,带动螺母 9 做左右移动,从而带动活动钳身 3 左右移动,达到开闭钳口松夹工件的目的。固定钳身 1 和活动钳身 3 上都装有护口板,它们之间通过螺钉 10 连接起来,为了便于夹紧工件,钳口板上应有滚花结构。

三、任务计划

请同学们根据任务要求,结合任务分析讯息,制定一份关于任务实施的计划书,并将相关信息填写在表 5.1 中。

表 5.1 任务实施计划书

任务名称	
小组分工	
任务流程图	

续表

任务指令或资源信息	
注意事项	

四、任务实施

虎钳装配设计步骤（一）如表 5.2 所示；虎钳装配设计步骤（二）如表 5.3 所示。

表 5.2　虎钳装配设计步骤（一）

操作内容及说明	图示
1. 绘制固定钳身 1 采用三维特征建模相关命令，按图纸要求完成固定钳身绘制，如图 1 所示	图 1
2. 新建装配文件 【新建】文件，在【模型】选项卡的【模板】区域中选择【装配】类型并命名，单击【确定】进入装配环境，如图 2 所示	 图 2
3. 添加固定钳身 在弹出的【添加组件】对话框（图 3）中单击【打开】，在弹出的【部件名】对话框中找到固定钳身模型，选中该文件，单击【OK】按钮，其他选项默认，单击【确定】按钮，此时固定钳身已被添加至装配文件中。 选中模型文件时可勾选文件列表窗口右侧的☑预览，可预览模型是否选择正确	 图 3

续表

操作内容及说明	图示
4. 在装配体中创建螺杆8 单击【装配】功能选项卡中的 【新建】命令，弹出【新建组件文件】对话框，新建一个模型文件并命名，如图4所示，单击【确定】按钮。 • 此命令用于添加一个现有组件。可以选择在添加组件的同时定位组件，设定其与其他组件的装配约束，也可不设定装配约束。 • 此命令用于新建一个组件，并将其添加到装配中	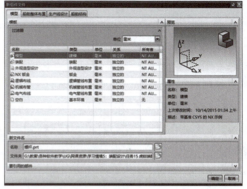 图 4
5. 将螺杆零件设为工作部件 打开 【装配导航器】(图5)，双击第二个部件。双击后，只有该零件为高亮显示，表明该零件已被设为工作部件（也可右击设置），其他组件变成灰色，在绘图区域显示为透明状。 • 表示该组件是装配体。 • 表示该组件不是装配体	 图 5
6. 绘制螺杆零件模型 打开 【部件导航器】，选择【主页】功能选项卡，按照图纸要求绘制螺杆模型，如图6所示，请注意保存零件模型。 说明： 在装配环境中新建组件，使用【主页】功能选项卡与直接新建零件三维模型用法无异。 若需要引用其他零件的几何特征，则需要将【选择范围】过滤器设置为【整个装配】，如图7所示，否则将不可引用	 图 6 图 7
7. 显示螺杆 在【装配导航器】中双击装配文件 _asm2，将整个装配设为工作部件。在【螺杆】部件上右击，在弹出的右键菜单中选择 替换引用集 下的 Entire Part，即可将螺杆显示在装配体中，如图8所示。 为便于观察，读者可编辑各组件对象显示。在模型上右击，选择 编辑显示(L)... 命令，可修改组件颜色、透明度等	 图 8

学习情境5 装配设计 107

续表

操作内容及说明	图示
8. 添加螺母9（已建模） Step1：【装配】功能选项卡中单击【添加】命令，单击【打开】图标，添加螺母零件模型。展开【设置】区域中的【互动选项】，勾选 ☑ 预览 和 ☑ 启用预览窗口，如图9所示。 • ☑ 预览 可在绘图区预览组件，如图10所示。 • ☑ 启用预览窗口 可在绘图区右下角【组件预览】窗口预览组件，在该窗口中可对模型进行缩放、旋转和特征选择，在组件装配完成之前，该窗口一直存在。 Step2：【放置】区域选择【约束】。【约束类型】选择【接触对齐】，在【要约束的几何体】方位下拉菜单中选择【自动判断中心/轴】选项，如图9所示，【*选择两个对象】高亮显示，在绘图区选择螺母中螺纹孔的轴线以及螺杆的轴线，则螺母和螺杆可实现自动对齐，如图11所示。 将鼠标在零件轴线附近稍作停留，便可出现绿色的点画线，同时会显示 中心线 在 螺母 中，单击即可选中轴线。 Step3：单击【距离】约束类型，选择螺母和固定钳身上两个相互平行的面，在【距离】对话框中输入"80"，回车，两零件的间距会自动调整到位，读者也可自行设计该尺寸。单击【确定】按钮，完成螺母的装配，如图12所示。 螺母是独立于装配体以外单独建模的，这种先绘制零件模型再逐个装配的方式，需要约束每个零件的相对位置。 距离的调整为非必要步骤，读者可根据产品呈现效果要求自行调节。 约束不是随意添加的，各种约束之间有一定的制约关系。如果后加的约束与先加的约束产生矛盾，那么将不能添加成功。 有时约束之间并不矛盾，但由于添加的顺序不同也可能导致不同的解或无解。	 图9 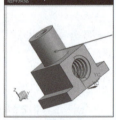 图10  螺杆轴线 螺纹孔轴线 图11 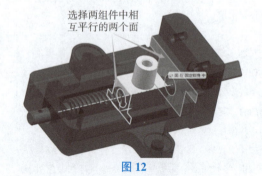 选择两组件中相互平行的两个面 图12

操作内容及说明	图示
9. 添加活动钳身 3（已建模） Step1：【装配】功能选项卡中单击 【添加】命令，单击【打开】图标 ，添加活动钳身零件模型。 Step2：选择【接触对齐】 约束类型，在【要约束的几何体】方位下拉菜单中选择 **接触**，如图 13 所示，转动模型，单击活动钳口底面和固定钳身上表面，使两平面重合，如图 14 所示。 ：用于使两个组件接触或对齐。当选择该选项后，会在【要约束的几何体】方位下拉菜单中出现 4 个选项： • **首选接触**：当接触和对齐约束都可能时，显示接触约束；当接触约束过度约束装配时，将显示对齐约束。 • **接触**：使两装配部件中的两个平面重合并且法线方向相反。 • **对齐**：使两装配部件中的两个平面重合并且法线方向相同。 • **自动判断中心**/轴：使两回转面同轴。 Step3：方位下拉菜单中选择【 自动判断中心/轴】选项，选择螺母竖直方向的轴线以及活动钳身中对应孔的轴线，如图 15 所示。 Step4：选择【平行】 约束类型，选择活动钳口和固定钳口中有平行关系的两个平面，如图 16 所示。单击【确定】按钮，完成活动钳口的装配。 在约束过程中，如发现两零件相对位置方向刚好与预期相反，可单击【反向】 工具调整	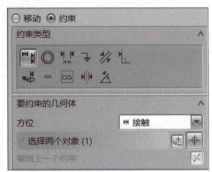 图 13 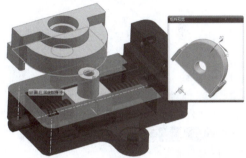 图 14 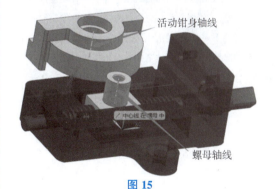 图 15  图 16

续表

操作内容及说明	图示
10. 护口板建模 按照螺杆零件建模方式,新建护口板零件模型。建模过程中若要引用其他零件中的图形元素,需要将过滤器修改为【整个装配】,如图17所示	 图 17
11. 护口板装配 Step1: 使用【约束】方式完成固定钳口护口板装配。 Step2: 在【装配导航器】中的护口板组件上右击,单击弹出的 隐藏 命令,将固定钳身上的护口板隐藏,如图18所示。 Step3: 完成活动钳口护口板装配。【装配】功能选项卡中单击 【镜像装配】命令,在弹出的镜像装配向导中选择【下一步】,在绘图区选择已装配好的护口板,单击向导中 【创建基准平面】按钮,弹出【基准平面】对话框,在【类型】下拉菜单中选择 【二等分】,如图19所示,选择固定钳口和活动钳口分别作为【第一平面】对象和【第二平面】对象,如图20所示,单击【确定】,向导中选择【下一步】,直至完成,结果如图21所示	 图 18 图 19 图 20 图 21
12. 螺钉的建模与装配 按照螺杆零件建模方式,新建螺钉零件模型并添加相应约束,如图22所示	 图 22

表 5.3　虎钳装配设计步骤（二）

操作内容及说明	图示
1. 调入垫圈 5（标准件） Step1：双击 ☑_asm2，将装配体设为工作部件，导航器中单击【重用库】，如图 1 所示，展开国标零件库 GB Standard Parts，展开【Washer】（垫圈），单击【Plain】（普通平垫），如图 2 所示，展开【成员选择】可预览标准件模型。 Step2：选择需要的零件将其拖动到绘图区域松开鼠标，在弹出的【添加可重用组件】对话框中选择合适的【主参数】大小 M12。展开【放置】选项，定位方式选择【根据约束】，若要在绘图区域预览该零件，需展开【预览】选项，勾选 ☑预览，如图 3 所示，将垫圈按图纸要求装配至虎钳装配体中。 装配约束可用【接触对齐】中的【首选接触】以及【自动判断中心/轴】。 垫圈 B12 属于标准件，可直接从重用库中调用。GB 标准件库中只包含部分国标件，如需完整国标件库，读者可根据需要另行加载其他插件，也可创建自用标准件库。 标准件是组成装配体的一个组件，调用时若将某组件设为工作部件，则标准件将作为该组件的子部件存在	 图 1　　　　　　图 2   图 3
2. 保存垫圈 5（标准件） 装配导航器中双击垫圈，将其设为工作部件，然后右击，在弹出的右键菜单中选择【属性】选项，在弹出的【组件属性】选项卡中选择【常规】选项卡，如图 4 所示，或单击【信息】图标，复制零件名称，单击【取消】。单击【文件】→【保存】→【另存为】，选择模型保存位置，将之前复制的标准件名称粘贴为文件名，保存类型为默认值，单击【OK】保存。 标准件库中的零件好比书店的书，可以浏览但不能带走，必须付费才是自己的，所以引用的标准件必须进行另存，这样在下次打开该装配体或者将装配体与他人共享时才能看到该标准件的模型，否则不可见。 按照国家标准命名标准件便于后期生成装配图明细表时正确命名零件以及图纸交流	 图 4

操作内容及说明	图示
3. 绘制并装配圆环 7 按照螺杆零件建模方式，新建圆环零件模型并安装，如图 5 所示。装配约束可用【接触对齐】中的【首选接触】以及【自动判断中心/轴】	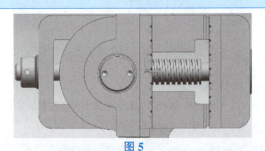 图 5
4. 绘制并安装圆锥销 6 绘制圆锥销 GB/T 117—2000，$\phi 4 \times 25$，如图 6 所示。UG 自带零件库中没有所需标准件，读者可查询机械设计手册（软件版）相应参数，自行绘制	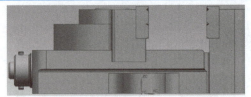 图 6
5. 绘制并装配垫圈 11 按照螺杆零件建模方式，新建垫圈 11 零件模型并安装，如图 7 所示。装配约束可用【接触对齐】中的【首选接触】以及【自动判断中心/轴】	 图 7
6. 新建爆炸图 Step1：在【装配】功能选项卡中单击【爆炸图】按钮，系统弹出"爆炸图"工具栏，如图 8 所示。 Step2：单击【新建爆炸】命令，弹出【新建爆炸】对话框，输入爆炸图名称，也可采用默认名称，如图 9 所示。单击【确定】后，爆炸图工具条中的所有项目被激活，确定前除【新建爆炸】可用外，其他命令是灰色不可用。 如果读者在一个已存在的爆炸视图下创建新的爆炸视图，系统会弹出另一个【新建爆炸】对话框，如图 10 所示，提示用户是否将已存在的爆炸图复制到新建的爆炸图，单击【是】按钮后，新建立的爆炸图和原爆炸完全一样；如果希望建立新的爆炸图，则单击【否】。 要删除爆炸图，可单击【删除爆炸】命令，在弹出的【爆炸图】对话框中选择要删除的爆炸图，单击【确定】即可，如图 11 所示。如果要删除的爆炸图正在当前视图中显示，系统会弹出【删除爆炸】对话框，提示爆炸图不能删除，如图 12 所示。	 图 8  图 9 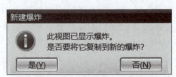 图 10  图 11

续表

操作内容及说明	图示
Step3：编辑爆炸图。爆炸图创建完成，图形并没有发生什么变化，只是产生了一个待编辑的爆炸图。编辑爆炸图有两种方式：自动爆炸和编辑爆炸。 • 自动爆炸：只需要输入很少内容，就能快速生成爆炸图。单击 【自动爆炸组件】命令，弹出【类选择】窗口，绘图区框选整个装配（也可以只选择某个组件），单击【确定】，弹出【自动爆炸组件】对话框，在【距离】文本框中输入距离 50（或其他值），如图 13 所示，单击【确定】按钮，系统会自动生成爆炸图。	 图 12  图 13
【取消爆炸组件】的功能跟【自动爆炸组件】相反。选择该命令，弹出【类选择】对话框，绘图区选择某个组件后单击【确定】，选中的组件会自动回到爆炸前的位置。 手动爆炸：自动爆炸不一定能得到满意的结果，因此需要手动爆炸。单击 【编辑爆炸】命令，弹出【编辑爆炸】对话框，绘图区选择活动钳身（也可以是其他组件），【编辑爆炸】对话框中选中【移动对象】选项，出现移动手柄（坐标系），如图 14 所示。单击箭头 Z，对话框中的【距离】文本框被激活，输入 60 回车，则活动钳身沿 Z 轴正方向移动 60 mm；单击 YZ 两箭头间的原点时，对话框中的【角度】文本框被激活，输入 60 回车，则活动钳身绕 X 轴旋转 $60°$，旋转方向符合右手定则；也可以直接用鼠标左键按住箭头或圆点，移动鼠标实现手工拖动，如图 15 所示。单击【确定】完成本组件爆炸编辑。 •【追踪线】 命令，用来指示组件的装配位置，如螺钉 4 和螺母 9 的同轴关系，如图 16 所示。 Step4：隐藏和显示爆炸图。【爆炸图】工具栏中单击爆炸图名称下拉菜单，选择无爆炸，则视图切换到无爆炸图状态，选择其他爆炸图名称则切换到相应爆炸视图，如图 17 所示。	 图 14 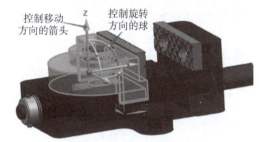 图 15  图 16 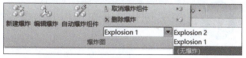 图 17

学习情境 5 装配设计 113

请同学们根据任务实施计划书，结合以上操作步骤以及小组针对任务实施的结果，完成虎钳装配体创建，并将完成任务过程中出现的问题、解决办法以及心得体会记录在表 5.4 中。

表 5.4　实施过程记录表

任务名称	
实施过程中出现的问题	
解决办法	
心得体会	

五、任务评价

任务评价表如表 5.5 所示。

表 5.5　任务评价表

序号	评价内容与标准	配分	自我评价	组员互评	教师评价	综合评价
1	学习准备，进行任务分析，查阅资料	10 分				
2	制定虎钳装配的设计方案	10 分				
3	熟练运用装配设计进行自顶向下的设计	15 分				
4	熟练完成数字样机的装配	10 分				
5	熟练调用标准件	10 分				
6	生成合理的爆炸图，展示样机的组成	10 分				
7	参与讨论主动性	10 分				
8	沟通协作	15 分				
9	展示汇报	10 分				

 大国工匠｜"鲲鹏"机身数字化装配领军人。

学习情境6 工程制图

情境提要

工程图样是国际国内工程界通用的技术语言。

在产品研发、设计和制造等过程中，设计者通过图样表达设计思想，制造者依据图样加工制作、检验、调试，使用者借助图样了解结构性能等。因此，图样是产品设计、生产、使用全过程信息的集合。尽管随着科学技术的发展，3D 设计技术有了很大的发展与进步，但是三维模型并不能将所有的设计信息表达清楚，有些信息仍然需要借助二维工程图表达，如尺寸公差、几何公差和表面粗糙度等。因此绘制工程图是产品设计中重要的环节，也是对设计人员最基本的能力要求。

UG NX 12.0 的制图功能是将三维模型转换为二维工程图，图样与三维模型是完全关联的，修改装配模型或单个零件，图样会自动做相应修改，保证了三维模型与图样的一致性，减少了工程技术人员的劳动量，降低了错误率。支持新的装配体系结构和并行工程，制图人员可以在设计人员对模型进行处理的同时绘制图样。值得注意的是，工程图只能引用三维模型数据，而不能通过修改工程图来达到修改三维模型的目的。

虽然 UG 工程制图功能强大，制图设置也符合我国标准，但在个别问题上，还需要进行特殊操作，本教学情境针对这些问题进行了详细介绍。

本教学情境以真实工程项目叉接头、传动轴、连杆的绘制为例，通过介绍 UG NX 12.0 工程图的制作方法，培养学习者绘制符合国家标准工程图的能力以及求实创新、精益求精的职业精神。学习本情境时，除掌握常用作图命令、方法与技巧，提高作图效率以外，还应重点关注实际产品设计过程中，零件结构参数与工艺参数的确定方法。

学习目标

本项目对标《机械产品三维模型设计职业技能等级标准》知识点：

（1）中级能力要求 1.4.1 能依据 CAD 工程制图国家标准，按照工作任务要求，结合所要表达的零件模型，选用合适的图幅。

（2）中级能力要求 1.4.2 能依据机械制图的视图国家标准，运用视图相关知识，准确配置该模型的主要视图。

（3）中级能力要求 1.4.3 能依据机械制图的剖视图、断面图国家标准，运用剖视图、断面图等相关知识，按照零件模型特征，合理表达视图。

（4）中级能力要求 1.4.4 能运用图线相关知识，正确编辑视图中的切线、消隐线等图素。

(5) 中级能力要求 1.4.5 依据机械制图的尺寸注法国家标准,能运用尺寸标注相关知识,合理标注零件工程图的尺寸。

知识目标:

(1) 掌握工程制图国家标准;
(2) 掌握由实体模型到工程图的转化方法。

技能目标:

(1) 会设置工程制图环境;
(2) 会设置工程制图模块参数;
(3) 能对工程图样进行管理;
(4) 会创建与编辑视图;
(5) 会对视图进行标注;
(6) 会填写标题栏。

素质目标:

(1) 树立正确的职业发展观,具有良好的职业道德和职业素养;
(2) 养成认真阅读图纸、技术要求等技术文件的能力;
(3) 养成团队协作的好习惯,同学互帮互助,形成良好学习风气;
(4) 经常自我总结与反思,培养分析决策能力。

任务 6.1　转向接头工程图的绘制

一、任务要求

转向接头是万向轮转向机构中的重要零件，起到连接转轴和水平轮轴的作用。本任务要求绘制如图 6.1 所示转向接头零件工程图，主要包括以下内容：

(1) 工程制图环境设置。
(2) 本视图创建。
(3) 视图标注。
(4) 标题栏填写。

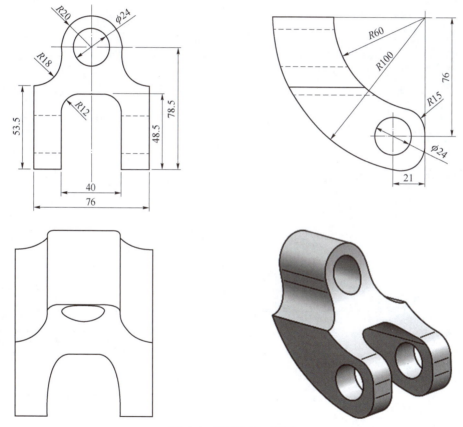

图 6.1　转向接头工程图

二、任务分析

此类零件建模时，可以将主视图和左视图分别形成的特征求交，形成零件的主体特征。由于零件结构特征简单，制作工程图时，只需要常规三视图即可。孔特征也可在视图中用虚线表达，无须剖视。

三、任务计划

请同学们根据任务要求,结合任务分析讯息,制定一份关于任务实施的计划书,并将相关信息填写在表 6.1 中。

表 6.1 任务实施计划书

任务名称	
小组分工	
任务流程图	
任务指令或资源信息	
注意事项	

四、任务实施

制图基本设置如表 6.2 所示。转向接头工程图绘制步骤如表 6.3 所示。

表6.2 制图基本设置

操作内容及说明	图示
1. 用户默认设置 启动 UG 后，选择【文件】→【实用工具】→【用户默认设置】命令，在弹出的对话框中单击【制图】→【常规/设置】命令，在右侧单击"标准"选项卡，单击"制图标准"下拉菜单，选择"GB"选项，如图1所示。 单击右边的【定制标准】按钮，会弹出【定制制图标准-GB】对话框，对话框的左侧是制图标准选项，有"常规""图纸格式"和"视图"等，如图2所示，右侧是对应的设置内容，读者可以逐一对每一项进行设置，使之符合我国制图标准即可	 图1  图2
2. 在导航栏中添加【制图模板】面板 以上的操作只是完成工程图图框模板的修改，但未能将模板显示出来，在作图时，如果使用 UG 中的图纸模板，要先将其显示出来。用图纸模板制图不但可以加入图框，还能自定义标题栏，具体操作过程如下： 启动 UG，单击【首选项】→【资源板】命令，弹出【资源板】对话框（图3），单击第2个图标 ，【打开资源板】，弹出【打开资源板】对话框，单击【浏览】按钮，弹出【打开资源板文件】对话框，选中 UG 安装目录下的 Simens \ NX 12.0 \ LOCALIZATION \ prc \ simpl_chinese \ startup 下的 ugs_drawing_tamplates_simpl_chinese.pax 文件，此即为公制图纸模板。确定后，看到在左侧资源条中新增了一个 【图纸模板（公制）】面板。 在操作面板中，有各种规格的图纸，使用时注意模板有装配图和零件图之分，如图4和图5所示。进入制图环境中时，只要单击其中一个模板图标即可	 图3 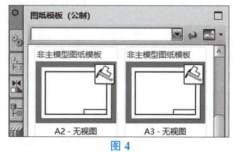 图4 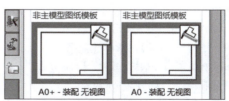 图5

学习情境6 工程制图 119

表 6.3 转向接头工程图绘制步骤

操作内容及说明	图示
1. 生成视图 打开转向接头零件模型，单击资源条中 【图纸模板（公制）】面板，选择 A4-无视图，弹出【视图创建向导】，单击【下一步】，再单击【下一步】，【模型视图】中选择【俯视图】后，单击【下一步】，以该零件俯视图作为"父视图"，选中周边的"俯视图""左视图""正三轴测图"，如图 1 所示，单击【完成】	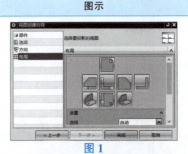 图 1
2. 修改视图 Step1：将鼠标停留在主视图附近，会出现红色的视图边界，双击该边界（或在右键菜单中选择【设置】），弹出【设置】对话框。在左侧【公共】设置中选中【隐藏线】，将【处理隐藏线】中【不可见】方式替换为【虚线】，如图 2 所示。【公共】设置中选中【虚拟交线】，去掉  前面的√，单击【确定】按钮。 Step2：采用同样的方法对左视图进行设置修改，如图 3 所示。 ※按住视图边界拖动，可移动视图。当某两个视图对齐时，会出现棕色导航和视图方向箭头。 Step3：下拉列表中选择【菜单】→【插入】→【中心线】→【中心标记】，选中 φ24 mm 圆弧中心，选中 单独设置延伸，在视图中中心线位置出现四个方向的箭头，如图 4 所示，按住向下的箭头拖动，直到中心线达到要求长度再松开鼠标，单击【确定】按钮。 Step4：采用同样的方法对左视图进行中心标记，如图 5 所示	图 2 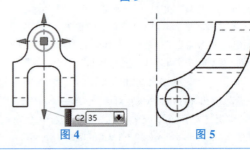 修改【设置】前　　修改【设置】后 图 3 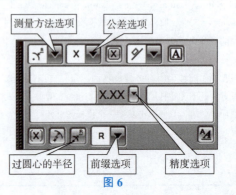 图 4　　　　　图 5
3. 标注视图 Step1：下拉列表中选择【菜单】→【插入】→【尺寸】→【快速】，可对视图进行绝大多数尺寸进行标注，使用方法与草图尺寸标注类似。【快速尺寸】选项卡中【测量方法】可根据图线特征灵活选择。如标注 φ24 mm 圆的直径时，【测量方法】可选择 直径 Step2：标注 R20 mm 圆弧半径时，【测量方法】可选择 径向。视图中选中 R20 mm 圆弧，在绘图区适当位置单击，关闭【快速尺寸】对话框。双击 R20 mm 这个尺寸，弹出【径向尺寸】对话框，选中【过圆心的半径】标注方式，如图 6 所示	测量方法选项　公差选项 过圆心的半径　前缀选项　精度选项 图 6

120　　■ CAD/CAM 技术应用实例

续表

操作内容及说明	图示
4. 填写标题栏 Step1：图层设置。【视图】选项卡中，将【工作层】修改为 170 层，如图 7 所示。 Step2：单击某单元格，弹出单元格注释，根据注释内容提示可知该单元格应填入的项目，如"PART_NAME"，即为部件名，双击该注释框可输入部件名，如图 8 所示。其他单元格读者可自行探索	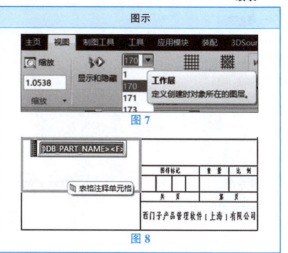 图 7 图 8

拓展训练

转向接头工程图如图 6.2 所示。

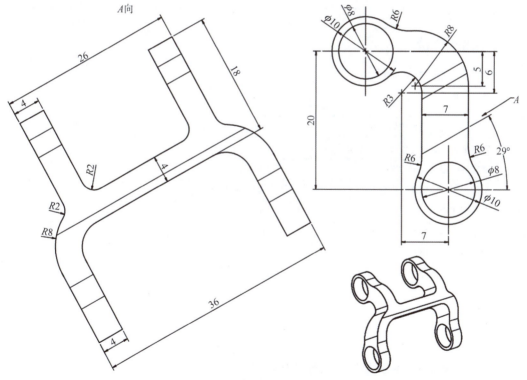

图 6.2　转向接头工程图

请同学们根据任务实施计划书，结合以上操作步骤以及小组针对任务实施的结果，完成转向接头工程图的创建，并将完成任务过程中出现的问题、解决办法以及心得体会记录在表 6.4 中。

表 6.4　实施过程记录表

任务名称	
实施过程中出现的问题	
解决办法	
心得体会	

五、任务评价

任务评价表如表 6.5 所示。

表 6.5　任务评价表

序号	评价内容与标准	配分	自我评价	组员互评	教师评价	综合评价
1	学习准备，进行任务分析，查阅资料	10 分				
2	制定转向接头视图方案	10 分				
3	工程制图环境个性化设置	15 分				
4	合理创建视图	10 分				
5	完整规范地标注视图	10 分				
6	规范填写标题栏	10 分				
7	参与讨论主动性	10 分				
8	沟通协作	15 分				
9	展示汇报	10 分				

 技术制图与机械制图国家标准基本规定。

任务 6.2　传动轴工程图的绘制

一、任务要求

本任务要求绘制如图 6.3 所示轴的工程图，主要包括以下内容：
(1) 基本视图、断面图、局部剖视图、向视图的创建。
(2) 尺寸与尺寸公差标注。
(3) 符号与形位公差标注。
(4) 技术要求填写。

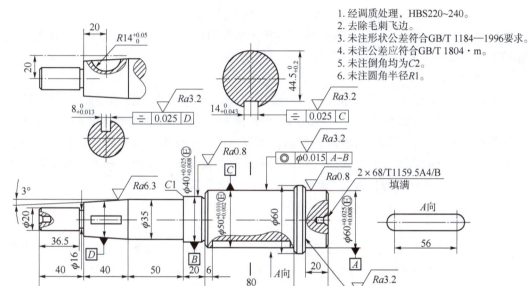

图 6.3　轴的工程图

二、任务分析

轴是支承转动零件并与之一起回转以传递运动、扭矩或弯矩的机械零件，一般各段可以有不同的直径。

1. 轴的结构设计

轴的结构设计就是确定轴的合理外形和全部结构尺寸。它由轴上安装零件类型、尺寸及其位置，零件的固定方式，载荷的性质、方向、大小及分布情况，轴承的类型与尺寸，轴的毛坯、制造和装配工艺、安装及运输，对轴的变形等因素有关。设计者可根据轴的具体要求进行设计，必要时可做几个方案进行比较，以便选出设计方案，以下是一般轴结构设计原则：
(1) 节约材料，减轻质量，尽量采用等强度外形尺寸或大的截面系数的截面形状；
(2) 易于轴上零件精确定位、稳固、装配、拆卸和调整；

(3) 采用各种减少应力集中和提高强度的结构措施;
(4) 便于加工制造和保证精度。

2. 轴的技术要求

1) 尺寸精度

轴类零件的尺寸精度主要指轴的直径尺寸精度和轴长尺寸精度。按使用要求,主要轴颈直径尺寸精度通常为IT6~IT9级,精密的轴颈也可达IT5级。轴长尺寸通常规定为公称尺寸,对于阶梯轴的各台阶长度按使用要求可相应给定公差。

2) 几何精度

轴类零件一般是用两个轴颈支撑在轴承上,这两个轴颈称为支撑轴颈,也是轴的装配基准。除了尺寸精度外,一般还对支撑轴颈的几何精度提出要求。对于一般精度的轴颈,几何形状误差应限制在直径公差范围内,要求高时,应在零件图样上另行规定其允许的公差值。轴类零件中的配合轴颈(装配传动件的轴颈)相对于支撑轴颈间的同轴度是其相互位置精度的普遍要求。通常普通精度的轴,配合精度对支撑轴颈的径向圆跳动一般为 0.01~0.03 mm,高精度轴为 0.001~0.005 mm。

3) 表面粗糙度

根据机械的精密程度、运转速度的高低,轴类零件表面粗糙度要求也不相同。一般情况下,支撑轴颈的表面粗糙度 Ra 值为 0.63~0.16 μm;配合轴颈的表面粗糙度 Ra 值为 2.5~0.63 μm。

轴类零件建模可以采用逐段生成的方式,也可以通过回转形成主体特征。制作工程图时,常常需要用到断面图、断开视图、局部剖视、放大视图等。视图上一般需要标注基本尺寸、尺寸公差、几何公差、表面粗糙度、技术要求以及其他注释等。

三、任务计划

请同学们根据任务要求,结合任务分析信息,制定一份关于任务实施的计划书,并将相关信息填写在表 6.6 中。

表 6.6 任务实施计划书

任务名称	
小组分工	
任务流程图	

续表

任务指令或资源信息	
注意事项	

四、任务实施

传动轴工程图绘制步骤如表 6.7 所示。

表 6.7 传动轴工程图绘制步骤

操作内容及说明	图示
1. 生成前视图 打开轴零件模型，单击【应用模块】选项卡下的 【制图】模块，选择【主页】选项卡中的 【新建图纸页】，在制图工作表中选择【使用模板】，选中 A3－无视图，如图 1 所示，单击【确定】，进入【视图创建向导】，单击【下一步】，再单击【下一步】，【模型视图】中选择"前视图"后，单击【下一步】，"布局"中只保留"父视图"，如图 2 所示，单击【完成】。 • 选择【标准尺寸】【定制尺寸】以及资源条中的【图纸模板】同样可以进入制图环境	 图 1 图 2
2. 修改主视图 双击前视图边界，弹出【设置】对话框。选择【常规】选项，将"比例"设置为 1∶1，如图 3 所示，选择【角度】选项，将"角度"设置为 90，如图 4 所示，单击【确定】，将主视图由竖直放置调整为水平放置	 图 3   图 4

续表

操作内容及说明	图示
3. 生成右视图 单击【主页】选项卡中 【基本视图】，在【模型视图】选项中选中"右视图"，如图 5 所示，在图纸合适位置单击，将视图放置在图纸中。修改视图至水平位置，并移动视图与前视图对齐，如图 6 所示	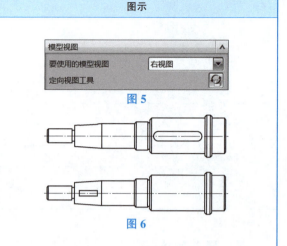 图 5 图 6
4. 生成局部剖视图 Step1：绘制剖切线。在部件导航器中打开【图纸】选项，在"导入的'Front@2'"上右击，如图 7 所示，或者在绘图区前视图图框上右击，单击 【活动草图视图】，激活草图绘制命令，在【主页】中选取【艺术样条】命令，此时视图图框变成蓝色虚线，绘制封闭的艺术样条，并注意修改艺术样条宽度，使之符合细实线要求，单击【完成草图】命令，结果如图 8 所示。 绘制剖切线时，要有一定的深度，否则半圆键将剖切不全。 Step2：单击 【局部剖视图】，弹出【局部剖】视图对话框（图9），对其中四个高亮显示的选项依次进行确定，其中"选择视图"为"Front@2"；"指定基点"为半圆键轮廓上任意一点；"指出拉伸矢量"采用默认；"选择曲线"选择刚才绘制的样条曲线，单击【应用】，结果如图 10 所示。 Step3：按同样的方法，可生成平键以及两端中心孔局部剖视图，如图 11 所示，注意绘制剖切线前，务必先激活草图	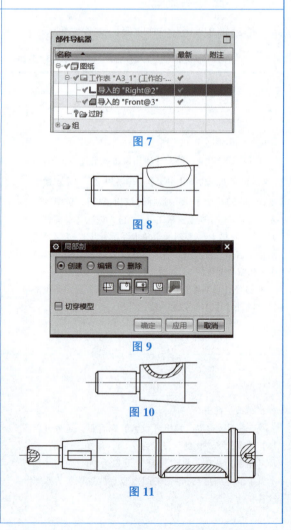 图 7 图 8 图 9 图 10 图 11

续表

操作内容及说明	图示
5. 生成断开视图 Step1：单击【主页】选项卡中 ▦ 【断开视图】，"类型"中选择"单侧"，如图12所示，在图纸中选择前视图作为"主模型视图"，此时会出现橙色水平向右的箭头，如图13所示。 单侧表示只保留断开点一侧的视图。 水平箭头表示视图将被水平断开，若需要竖直断开则可在"方向"中改变"指定矢量"。 右向箭头表示断开点右侧的视图将不会显示，若需要显示左侧则可在"方向"中单击"反向"。 Step2：在前视图中任意位置单击，作为"锚点"，视图中出现断裂线，可在"设置"中选择断裂线的"样式"，根据绘图要求调整断裂线参数。在绘图区中，断裂线上会出现水平方向的箭头，按住水平箭头移动鼠标，可将断裂线放置在合适的位置。单击【确定】并添加"中心标记"，如图14所示。 断裂线中的【偏置】指断裂线距离锚点的数值。 设置中的【幅值】指断裂线样式的宽度	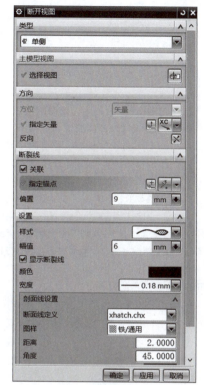 图12 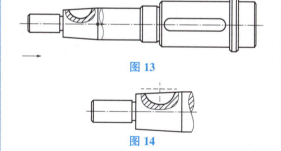 图13 图14
6. 生成断面图 Step1：选中右视图作为父视图，单击 ▦ 【剖视图】，单击平键底部轮廓线中点，将视图放水平，生成全剖视图，如图15所示	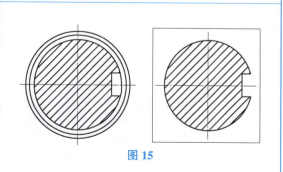 图15

学习情境6　工程制图　127

操作内容及说明	图示
Step2：双击生成的剖视图，进入【设置】环境，展开【表区域驱动】，单击【设置】，将"显示背景"前面的钩去掉，单击【应用】；单击【标签】，将"显示视图标签"和"显示视图比例"前面的钩都去掉，单击【应用】。单击【截面线】，将"箭头"中的"长度"改成一个很小的数值，让箭头足够小以至于看不见；将"箭头线"中的"箭头长度"改成一个很小的数值但必须比箭头长度大，"边界到箭头的距离"以及"延伸"都可做适当修改，以改变截面线的长度和与轮廓线间的距离；将【标签】中"显示字母"前面的钩去掉，如图16所示，单击【确定】。 Step3：移动断面图至右视图的上方，右击断面图，选择【对齐视图】命令，将"方法"改为"竖直"，【对齐】改为"点到点"，如图17所示，指定平键底面轮廓线中点为静止视点，断面图圆心为当前视图点，单击【确定】。 Step4：按上述方法，可作半圆键断面图	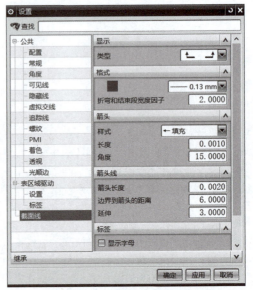 图 16  图 17
7. 生成向视图 Step1：再做一个水平放置的前视图，右键单击选择【边界】，弹出的【视图边界】对话框中将"自动生成矩形"改为"手动生成矩形"，视图区框选平键轮廓线，单击【取消】。 Step2：双击中心线，调整中心线至合理长度。 Step3：【主页】中单击【方向箭头】命令，将"角度"改成90，其他参数默认，在平键下方空白处单击，然后单击【应用】。如果生成的箭头位置不合适，可将"方向箭头"对话框中的"选项"改为"编辑"，对箭头的位置进行调整，结果如图18所示	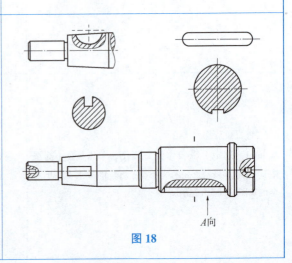 图 18

续表

操作内容及说明	图示
Step4:【主页】中单击 A【注释】命令，在"格式设置"中输入"A 向"，在绘图区合适位置单击，将"A 向"放置在向视图的上方，单击【关闭】，完成向视图绘制，如图 19 所示	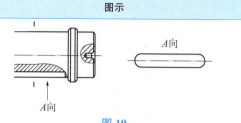 图 19
8. 标注带公差的尺寸和容差原则 Step1:【主页】中单击【快速】尺寸标注命令，选择轴大端上下两条轮廓线作为两个参考对象，软件会自动测量并标注尺寸，同时弹出快捷菜单，可在快捷菜单中修改，也可在【快速尺寸】对话框中修改，修改方式与步骤如图 20 所示。 Step2:容差原则标注在尺寸公差之后，用【编辑附加文本】功能完成。"文本位置"选择"之后"，【符号类别】改为"形位公差"，单击 E，单击【关闭】，回到快速尺寸标注界面。在绘图区适合位置单击，放置尺寸。 Step3:参照以上方法，标注其他尺寸	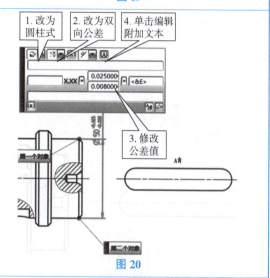 图 20
9. 标注基准 Step1:【主页】中单击【基准特征符号】，"基准标识符"中输入基准字母，对话框中单击"选择终止对象"，绘图区单击轮廓线或尺寸界限，放置基准至适合位置。 Step2:对话框中单击【设置】，在【延伸线】中将"间隙"改为 1，在绘图区任意位置单击以确定基准的绘制，如图 21 所示。 Step3:参照以上方法，标注其他基准	图 21
10. 标注形位公差 Step1:【主页】中单击【特征控制框】，对话框中单击【选择终止对象】，绘图区单击轮廓线，放置形位公差框格至适合位置，如图 22 所示。 Step2:"框特性"中选择"同轴度"，"框样式"中选择"单框"，"公差"改为 φ，其后输入数值 0.015，第一基准参考改为"A-B"，单击【关闭】。 若要修改指向箭头为 90°夹角，可双击该特征控制框，拖动棕色的箭头可实现修改。 Step3:参照以上方法，标注其他形位公差	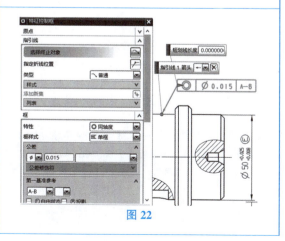 图 22

续表

操作内容及说明	图示
11. 标注表面粗糙度 【主页】中单击 ✓【表面粗糙度符号】，选择适合的"除料属性"，根据"图例"输入相应文本，若需要引出标注，则在对话框中单击 ➚"选择终止对象"，绘图区单击符号需放置的位置；若无须引出标注，则可直接单击轮廓线，结果如图23所示	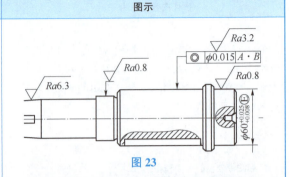 图 23
12. 引出标注 采用【注释】命令完成引出标注。分上下两行输入，注意在设置中选择文本对齐方式，如图24所示，单击中键确定	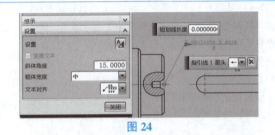 图 24
13. 标注锥度 Step1：采用【注释】命令完成锥度标注。对话框中单击 ➚【选择终止对象】，绘图区单击锥体轮廓线，"符号类别"选"制图"，选择 ▷ 图标，此时会在"文本输入格式设置"中出现"<#E>"，在其后输入1：5，如图25所示。 Step2：对话框中单击 🅐【设置】，将"箭头线"中的文本与线的间隙改为0，单击【关闭】，回到【注释】对话框，"文本对齐"方式选择"中间"，在绘图区适合位置单击，完成锥度符号标注，如图26所示，单击【关闭】	 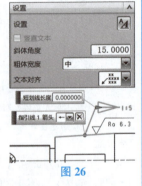 图 25　　　图 26
14. 填写技术要求 Step1：【主页】中单击 ▤【技术要求库】，在绘图区空白处单击两下，出现两个棕色的圆点，一点作为"Specify Position"，另一点作为"Specify End Point"，这两点分别表示技术要求放置的矩形区域的两个对角点。 Step2："技术要求库"中选择适合的技术要求并双击，会在"文本输入"对话框中出现，如图27所示，此中的文字也可根据需要修改，单击【确定】。 可将字体改为"chinese"，否则不能完整显示"C2"	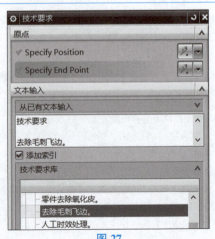 图 27

操作内容及说明	图示
15. 填写标题栏 Step1：图层设置。【视图】选项卡中，将【工作层】修改为170层，如图28所示。 Step2：单击某单元格，弹出单元格注释，根据注释内容提示可知该单元格应填入的项目，如"PART_NAME"，即为部件名，双击该注释框可输入部件名，如图29所示。其他单元格读者可自行探索。	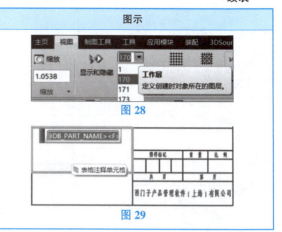 图28 图29

拓展训练

阀杆工程图如图6.4所示。

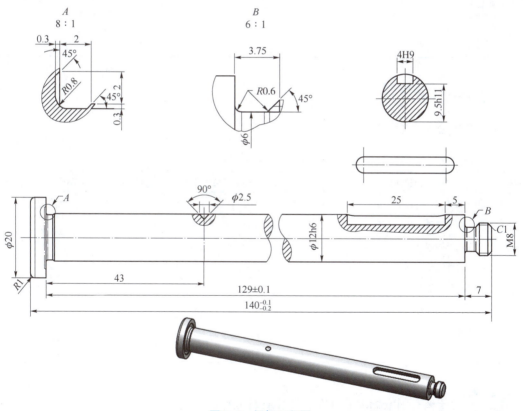

图6.4 阀杆工程图

请同学们根据任务实施计划书，结合以上操作步骤以及小组针对任务实施的结果，完成轴的工程图的创建，并将完成任务过程中出现的问题、解决办法以及心得体会记录在表6.8中。

表 6.8　实施过程记录表

任务名称	
实施过程中出现的问题	
解决办法	
心得体会	

五、任务评价

任务评价表如表 6.9 所示。

表 6.9　任务评价表

序号	评价内容与标准	配分	自我评价	组员互评	教师评价	综合评价
1	学习准备，进行任务分析，查阅资料	10 分				
2	正确构建零件模型	10 分				
3	合理选择图幅并填写标题栏	15 分				
4	根据零件结构特征生成合理的视图	15 分				
5	完整规范地标注视图	15 分				
6	参与讨论主动性	10 分				
7	沟通协作	10 分				
8	展示汇报	15 分				

 为什么有国家标准的存在，还要有行业标准和企业标准？

任务 6.3　连杆工程图的绘制

一、任务要求

本任务要求绘制如图 6.5 所示连杆工程图，主要包括以下内容：
（1）基本视图、全剖视图、旋转剖视图的创建。
（2）尺寸与尺寸公差标注。
（3）符号与形位公差标注。

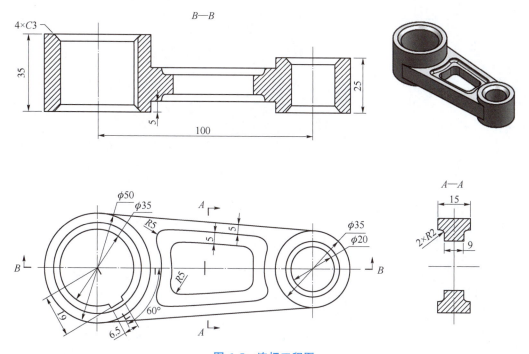

图 6.5　连杆工程图

二、任务分析

连杆主要起到连接两根轴的作用。连杆与轴通过键或者其他的连接方式连接，带动轴一起回转以传递运动、扭矩或弯矩。

连杆杆身采用中空结构，可以在刚度与强度都足够的情况下使质量最小。材料多采用合金钢，因合金钢对应力集中很敏感。所以，在连杆外形、过度圆角等方面需严格要求，还应注意表面加工质量以提高疲劳强度。因此，连杆内部结构复杂，细节特征较多，需要用剖视图表达。

三、任务计划

请同学们根据任务要求，结合任务分析讯息，制定一份关于任务实施的计划书，并将相关信息填写在表 6.10 中。

表 6.10 任务实施计划书

任务名称	
小组分工	
任务流程图	
任务指令或资源信息	
注意事项	

四、任务实施

连杆工程图绘制步骤如表 6.11 所示。

表 6.11　连杆工程图绘制步骤

操作内容及说明	图示
1. 生成基本视图 打开连杆模型，利用 【视图创建向导】完成俯视图和轴测图的创建，如图 1 所示。 图 1	
2. 生成旋转剖视图 Step1：选中俯视图作为父视图，单击【剖视图】，将截面线"方法"改为"旋转"，如图 2 所示； Step2：绘图区选择圆心作为"指定旋转点"，如图 3 所示； Step3：选择外圆象限点作为"指定支线 1 位置"，如图 3 所示； Step4：选择键槽平面轮廓线中点作为"指定支线 2 位置"，用【点构造器】，"类型"采用"两点之间"，单击键槽两侧面端点，单击【确定】，可自动捕捉到中点； Step5：绘图区空白处右击，右键菜单中选择"添加支线 2 位置"，单击圆弧中点； Step6：拖动"截面线手柄"至适合位置，如图 4 所示； Step7：放置"方法"选择"竖直"； Step8：移动鼠标至合适位置，单击即生成剖视图	

学习情境 6　工程制图　135

续表

操作内容及说明	图示
3. 生成肋板剖视图（图5） Step1：选中俯视图作为父视图，单击【剖视图】，将截面线"方法"改为"旋转"； Step2：选择中心线作为"指定旋转点"； Step3：选择内轮廓线上下两中点作为"支线1位置"和"支线2位置"； Step4：放置"方法"选择"水平"； Step5：移动鼠标至合适位置，单击即生成剖视图； Step6：双击生成的剖视图，打开表区域驱动中的【设置】，将"显示背景"前面的钩去掉	图 5
4. 标注尺寸和填写标题栏	

拓展训练

法兰工程图（有视频）如图 6.6 所示。

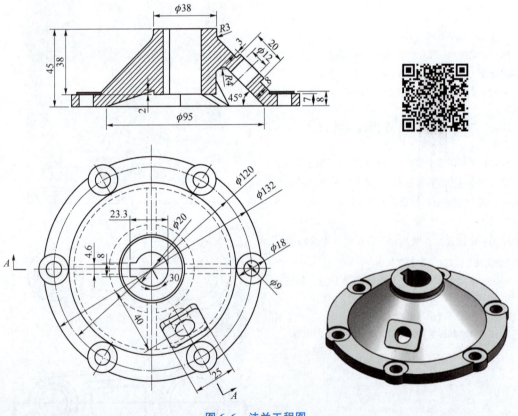

图 6.6　法兰工程图

请同学们根据任务实施计划书，结合以上操作步骤以及小组针对任务实施的结果，完成法兰工程图的创建，并将完成任务过程中出现的问题、解决办法以及心得体会记录在表 6.12 中。

表 6.12　实施过程记录表

任务名称	
实施过程中出现的问题	
解决办法	
心得体会	

五、任务评价

任务评价表如表 6.13 所示。

表 6.13　任务评价表

序号	评价内容与标准	配分	自我评价	组员互评	教师评价	综合评价
1	学习准备，进行任务分析，查阅资料	10 分				
2	正确构建零件模型	10 分				
3	合理选择图幅并填写标题栏	15 分				
4	根据零件结构特征生成合理的视图	15 分				
5	完整规范地标注视图	15 分				
6	参与讨论主动性	10 分				
7	沟通协作	10 分				
8	展示汇报	15 分				

　大国工匠丨周氏精度如琢如磨。

学习情境 7　零件铣削工艺及程序编制

情境提要

数控编程的主要内容如下：

（1）图样分析及工艺处理。在确定加工工艺过程时，编程人员首先应根据零件图样对工件的形状、尺寸和技术要求等进行分析，然后选择合适的加工方案，确定加工顺序和路线、装夹方式、刀具以及切削参数。为了充分发挥机床的功能，还应该考虑所用机床的指令功能，选择最短的加工路线，选择合适的对刀点和换刀点，以减少换刀次数。

（2）数值处理。根据图样的几何尺寸、确定的工艺路线及设定的坐标系，计算工件粗精加工的运动轨迹，得到刀位数据。零件图样坐标系与编程坐标系不一致时，需要对坐标进行换算。对形状比较简单的零件轮廓进行加工时，需要计算出几何元素的起点、终点及圆弧的圆心，以及两几何元素的交点或切点的坐标值，有的还需要计算刀具中心轨迹的坐标值。对于形状比较复杂的零件，需要用直线段或圆弧段逼近，根据要求的精度计算出各个节点的坐标值。

（3）编写加工程序单。确定加工路线、工艺参数及刀位数据后，编程人员可以根据数控系统规定的指令代码及程序段格式，逐段编写加工程序单。此外，还应填写有关的工艺文件，如数控刀具卡片、数控刀具明细表和数控加工工序卡片等。随着数控编程技术的发展和企业岗位分工的细化，现在大多数企业更多地采用自动编程。

（4）输入数控系统。把编制好的加工程序，通过某种介质传输到数控系统。过去数控机床的程序输入一般使用穿孔纸带，穿孔纸带的程序代码通过纸带阅读器输入数控系统。随着计算机技术的发展，现代数控机床主要利用键盘、移动存储设备等将程序输入计算机中。随着网络技术进入工业领域，通过 CAM 生成的数控加工程序可以通过数据接口直接传输到数控系统中。

（5）程序检验及试切。程序单必须经过检验和试切才能正式使用。检验的方法是直接将加工程序输入数控系统中，让机床空运转，即以笔代刀，以坐标纸代替工件，画出加工路线，以检查机床的运动轨迹是否正确。若数控机床有图形显示功能，可以采用模拟刀具切削过程的方法进行检验。但这些过程只能检验出运动是否正确，不能检查被加工零件的精度，因此必须进行零件的首件试切。试切时，应该先以单程序段的运行方式进行加工，监视加工状况，调整切削参数和状态。

数控编程一般可以分为手工编程和自动编程两种。手工编程是指从零件图样分析、工艺处理、数值计算、编写程序单到程序校核等各步骤的数控编程工作均由人工完成。该方法适用于零件形状不太复杂、加工程序较短的情况，而复杂形状的零件，如具有非圆曲线、列表曲线和组合曲面的零件，或形状虽不复杂但程序很长的零件，则比较适合于自动编程。

自动数控编程是从零件的设计模型（即参考模型）直接获得数控加工程序的。其主要任务是计算加工进给过程中的刀位点（Cutter Location Point，CL 点），从而生成 CL 数据文件。由于自动编程技术其大部分工作由计算机来完成，编程效率大大提高，还能解决许多手工编程无法解决的复杂形状零件的加工编程问题。

UG NX 12.0 数控加工流程（图 7.1）如下：
（1）创建制造模型，包括创建或获取设计模型以及工艺规划；
（2）进入加工环境；
（3）进行 NC 操作（如创建程序、几何体、刀具等）；
（4）创建刀具路径文件，进行加工仿真；
（5）利用后处理器生成 NC 代码。

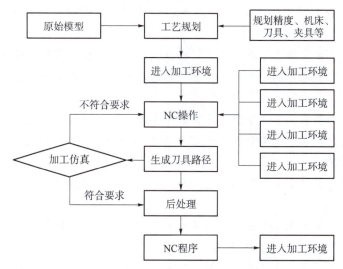

图 7.1　UG NX 12.0 数控加工流程

从以上内容来看，作为一名数控编程人员，不但要熟悉数控机床的结构、功能及标准，而且必须熟悉零件的加工工艺、装夹方法、刀具以及切削参数的选择等方面的知识。

本学习情境以真实工程项目穿刺支架三轴数控钻铣削加工程序编制为例，通过介绍 UG NX 12.0 数控加工模块的使用方法，培养学习者编制符合企业现实条件下的零件数控加工程序的能力以及实事求是、精益求精的职业精神。学习本情境时，除掌握常用自动编程流程、编程指令、参数选取方法与技巧、提高编程效率以外，还应重点关注产品质量，结合现场实际生产情况，制定适宜的工艺规划。

学习目标

本项目对标《机械产品三维模型设计职业技能等级标准》知识点：
（1）初级能力要求 3.3.1 依据零件图纸及加工工艺过程卡信息，能正确设置铣削加工坯料模型，并设置工件坐标系。
（2）初级能力要求 3.3.2 依据零件的结构特征，能正确设置加工轮廓、平面、实体等特征的刀具及刀具参数。

(3) 初级能力要求 3.3.3 依据零件图纸信息，能正确设置加工轮廓、平面、实体等特征的轨迹参数并生成刀具轨迹。

(4) 初级能力要求 3.3.4 能够分析已生成的刀具轨迹，对不合理的轨迹调试刀具参数，并通过刀具轨迹仿真验证程序的正确性。

(5) 初级能力要求 3.3.5 能根据工作任务要求，选用合适的后置处理，生成数控铣削加工程序。

(6) 中级能力要求 2.1.1 熟悉工艺方案设计的国家标准，掌握方案设计的相关流程。

(7) 中级能力要求 2.1.2 能准确搜集产品的用户需求、工程图样、技术标准等资料。

(8) 中级能力要求 2.1.3 能进行产品加工工艺、材料与设备选择等工艺分析。

(9) 中级能力要求 2.1.4 依据产品的生产类型，能正确设计工艺方案，并确定毛坯、生产条件等相关要素。

(10) 中级能力要求 2.1.5 依据产品生产过程收集的信息，能正确评估、优化工艺方案。

(11) 中级能力要求 2.2.1 熟悉工艺规程设计的国家标准，掌握规程设计的相关流程。

(12) 中级能力要求 2.2.2 能准确搜集并熟悉产品图样、技术条件、工艺方案等设计工艺规程所需资料。

(13) 中级能力要求 2.2.3 依据工艺方案中零件毛坯形式，能确定毛坯的制造方法。

(14) 中级能力要求 2.2.4 依据工艺方案中零件加工工艺过程，能确定零件加工的工序、工步、工艺参数、加工设备及工艺装备等要素。

(15) 中级能力要求 2.2.5 依据工艺规程文件样式，能正确编制工艺过程卡、工序卡、作业指导书等技术文件。

(16) 中级能力要求 2.3.1 依据工艺定额编制标准，结合工作任务要求，能准确搜集并熟悉产品图样、零部件明细表、零件工艺规程、生产类型等资料。

(17) 中级能力要求 2.3.2 能运用技术计算、经验估算等方法，针对不同零件材料，编制材料消耗工艺定额。

(18) 中级能力要求 2.3.3 能运用经验估计、统计分析等方法，编制劳动定额。

(19) 中级能力要求 2.3.4 依据技术进步、工艺革新情况，能使用工艺文件更改通知单，在审批部门批准后修改材料消耗与劳动定额。

(20) 中级能力要求 3.1.1 依据机械制图国家标准及曲面、斜面、倒角、孔系等特征组合类零件图，能正确识读零件的形状特征、加工精度、技术要求等信息。

(21) 中级能力要求 3.1.2 依据零件图及加工工艺过程卡信息，能确定毛坯材料与尺寸。

(22) 中级能力要求 3.1.3 依据零件图零件结构特征，能正确选择加工工序。

(23) 中级能力要求 3.1.4 依据零件加工要素，能确定合适的刀具。

(24) 中级能力要求 3.1.5 依据零件精度要求，能确定转速进给及切削用量。

(25) 中级能力要求 3.1.6 依据工艺分析，能生成数控加工工艺过程卡及工序卡。

(26) 中级能力要求 3.2.1 能理解零件图及加工工艺过程卡信息，根据工作任务要求，正确设置铣削加工坯料模型，并设置工件坐标系。

(27) 中级能力要求 3.2.2 能理解零件的结构特征，设置加工曲面、斜面等特征的刀具及刀具参数。

(28) 中级能力要求 3.2.3 能依据零件图纸信息，设置加工曲面、斜面等特征的轨迹参数并生成刀具轨迹。

(29) 中级能力要求 3.2.4 能正确调试各刀具参数，通过刀具轨迹仿真验证程序的正确性。

(30) 中级能力要求 3.2.5 能够根据工作任务要求，选用合适的后置处理，生成数控铣削加工程序。

(31) 中级能力要求 3.3.3 能依据不同数控操作系统及工作任务要求，运用后置处理器，输出数控加工程序。

知识目标：

(1) 理解坐标系的含义；
(2) 知道工艺设计的方法与流程；
(3) 理解工艺参数选择的原则。

技能目标：

(1) 会使用图层；
(2) 能根据需要灵活运用坐标系；
(3) 会新建加工程序；
(4) 会创建几何体；
(5) 能根据需要创建加工刀具；
(6) 能根据需要灵活选用加工方法；
(7) 能根据工艺要求创建工序；
(8) 能根据工艺要求编制平面铣削加工程序；
(9) 能根据工艺要求编制轮廓铣削加工程序；
(10) 能根据工艺要求编制孔加工程序。

素质目标：

(1) 树立正确的职业发展观，具有良好的职业道德和职业素养；
(2) 养成认真阅读图纸、技术要求等技术文件的能力；
(3) 养成严谨细致、精益求精的工作作风；
(4) 树立安全意识与质量意识；
(5) 养成团队协作的好习惯，同学互帮互助，形成良好学习风气；
(6) 经常自我总结与反思，培养分析决策能力。

任务 7.1　支架的工艺规划

一、任务要求

根据现有生产条件，参考既有工艺过程规划，完成如图 7.1 所示支架零件的工艺方案，填写工艺过程卡和工序卡。

二、任务分析

零件的数控加工工艺分析是编制数控程序中最为重要的一环，从图纸分析到成品合格交付，不光要考虑数控程序的编制，还要考虑加工时所出现的种种问题的影响。所以开始编程前，一定要对设计图纸和技术要求进行详细的分析，从而获得最佳的加工工艺方案。

本支架为铝合金航空零件，零件结构复杂程度中等，加工精度要求中等。根据图纸要求，六个面均需加工，采用三轴数控铣床加工，所需工序较多，且后续工序需要专用夹具装夹，以保证零件加工精度、提高装夹效率。零件细节特征较多且尺寸不统一，需要准备较多刀具。

三、任务计划

请同学们根据任务要求，结合任务分析信息，制定一份关于任务实施的计划书，并将相关信息填写在表 7.1 中。

表 7.1　任务实施计划书

任务名称	
小组分工	
任务流程图	

续表

任务指令或 资源信息	
注意事项	

四、任务实施

支架工艺过程卡如图 7.2 所示，支架附图如图 7.3~图 7.7 所示。

编号：VM-QR7101-04			版本：C/O						
成都工业职业技术学院			工艺过程 质量卡片	产品名称	产品图号	材料	材料批号	生产批号	数量
				FA160穿刺驱动支架2	FA160-01-09-01.02	6061	VM-CL-	VM-SC-	件
工种	工序	工装号	工序内容				操作者	日期	检验	合格	不合格
执行标准			未注公差按GB1804-2000-m级。								
领料	1		材料毛坯尺寸：45×1000。								
下料	2		锯床下料45×90±1。								
CNC	3		虎钳夹持，按附图1尺寸要求精铣外形及各台阶，并钻孔、铣沉孔。(锐边倒钝)								
CNC	4	01	虎钳夹持，找正，铣掉底面夹持位，保证总厚38 mm，按附图2要求精铣2处沉孔，钻φ2通孔并铣埋头孔。(锐边倒钝)								
CNC	5		虎钳夹持，按附图3尺寸要求精铣台阶，并钻2×φ2.5(M3)深7.5螺纹底孔，攻2×M3深6螺纹。(孔口倒角C0.5，锐边倒钝)								
CNC	6	01	虎钳夹持，按附图4要求，铣4×φ8沉孔。(锐边倒钝)								
CNC	7		虎钳夹持，按附图5尺寸要求精铣台阶，钻4×φ3.2通孔。(锐边倒钝)								
产品编号	去毛刺	8	去毛刺飞边。								
1704032	表面处理	9	喷砂处理(100#砂)，黑色阳极氧化(亮光)。(挂φ17.4孔，尽量不挂伤孔壁)								
工艺版次	成品检验	11	成品检验。								
03	包装	12	包装入库。								
编制			审核		标审		会签		批准		
								共 1 页		第 1 页	

图 7.2 支架工艺过程卡

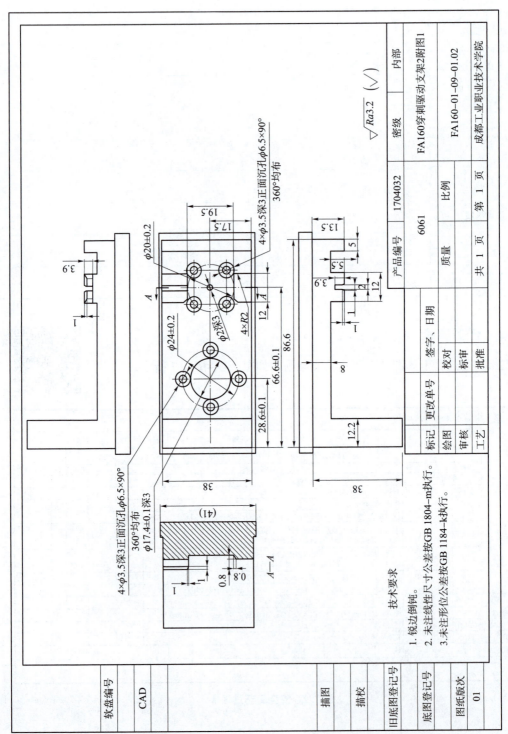

图 7.3 支架附图 1

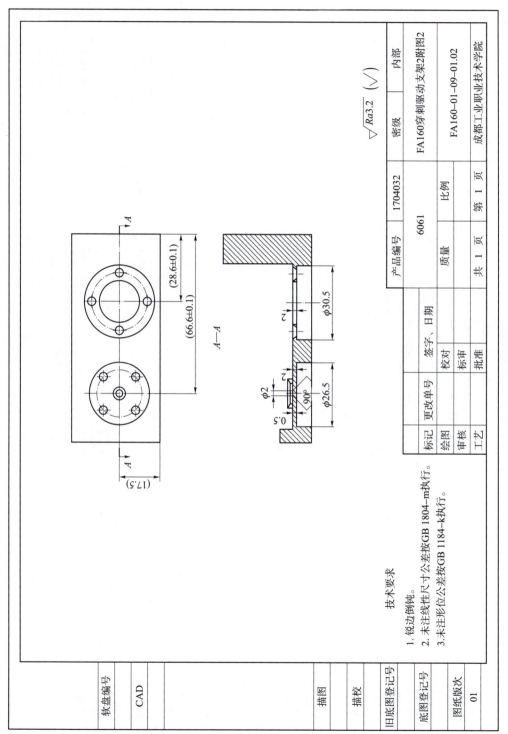

图 7.4 支架附图 2

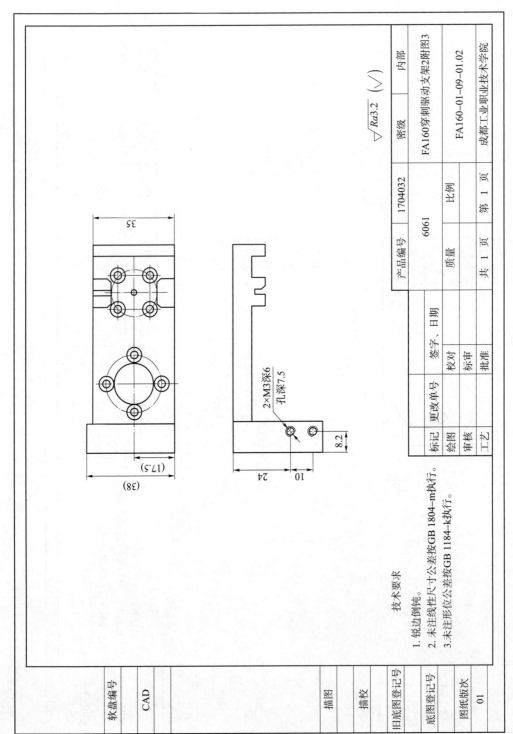

图 7.5 支架附图 3

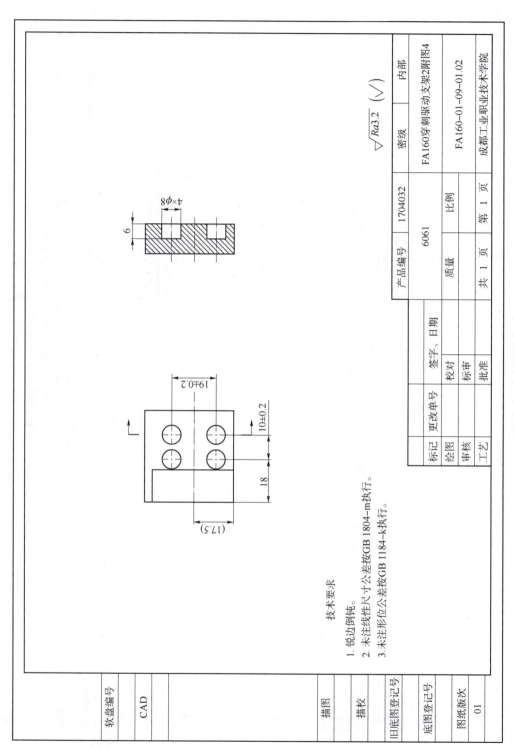

图 7.6 支架附图 4

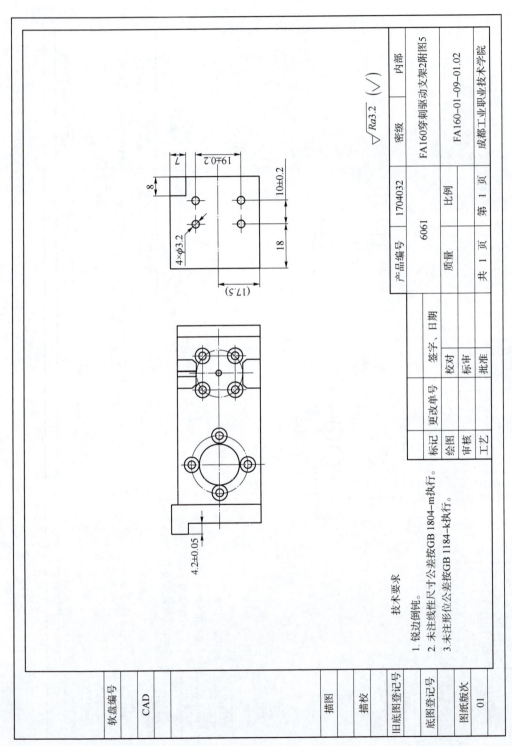

图 7.7 支架附图 5

数控加工工艺过程卡片		产品型号		零件图号			共 页	第 页
		产品名称		零件名称				
材料牌号	毛坯种类		毛坯外形尺寸		每毛坯件数	每台件数		备注
工序号	工序名称	工序内容		车间	设备	工艺装备		工时
							准终	单件
				设计(日期)	校对(日期)	审核(日期)	标准化(日期)	会签(日期)
标记	处数	更改文件号	签字	日期	标记	处数	更改文件号	签字	日期

数控加工工序卡		产品型号		零件图号										共 页	
		产品图号		零件名称										第 页	
			工序名称	工序号	材料牌号	毛坯种类	毛坯外形尺寸	设备名称	设备型号	夹具编号	同时加工件数	机动时间	单件工时定额		
		刀具	量检具	主轴转速/(r·min⁻¹)		进给速度/(mm·min⁻¹)		背吃刀量/mm							
工步号	工步内容														
更改文件编号	签字	日期					编制	日期		审核	日期		批准	日期	

数控加工工序卡		产品型号		零件图号			共 页 第 页
		产品图号		零件名称			
	工序名称						
	工序号						
	材料牌号						
	毛坯种类						
	毛坯外形尺寸						
	设备名称						
	设备型号						
	夹具编号						
	同时加工件数						
	机动时间						
	单件工时定额						
工步号	工步内容	刀具	量检具	主轴转速/(r·min^{-1})	进给速度/(mm·min^{-1})	背吃刀量/mm	
更改文件编号		签字		日期	编制	审核	批准
					日期	日期	日期

数控加工工序卡		产品型号		零件图号						共 页	
		产品图号		零件名称						第 页	
			工序名称								
			工序号								
			材料牌号								
			毛坯种类								
			毛坯外形尺寸								
			设备名称								
			设备型号								
			夹具编号								
			同时加工件数								
			机动时间								
			单件工时定额								
	工步内容			量检具	刀具	主轴转速/(r·min^{-1})	进给速度/(mm·min^{-1})	背吃刀量/mm			
工步号											
								编制	审核	批准	
更改文件编号	签字	日期						日期	日期	日期	

数控加工工序卡		产品型号		零件图号			共 页
		产品图号		零件名称			第 页
	工序名称	工序号	材料牌号	毛坯种类	毛坯外形尺寸	设备名称	设备型号	夹具编号	同时加工件数	机动时间	单件工时定额		
工步号	工步内容	刀具	量检具	主轴转速/(r·min^{-1})	进给速度/(mm·min^{-1})	背吃刀量/mm	
		编制	日期	审核	日期	批准	日期
更改文件编号		签字		日期			

数控加工工序卡		产品型号		零件图号						共 页	
		产品图号		零件名称						第 页	
					工序名称						
					工序号						
					材料牌号						
					毛坯种类						
					毛坯外形尺寸						
					设备名称						
					设备型号						
					夹具编号						
					同时加工件数						
					机动时间						
					单件工时定额						
工步号	工步内容		刀具		量检具	主轴转速/(r·min^{-1})	进给速度/(mm·min^{-1})	背吃刀量/mm			
更改文件编号		签字		日期		编制	日期	审核	日期	批准	日期

据小组讨论确定的工艺规划,填写数控加工工艺过程卡和工序卡。

请同学们根据任务实施计划书,结合以上操作步骤以及小组针对任务实施的结果,完成支架工艺方案的规划,并将完成任务过程中出现的问题、解决办法以及心得体会记录在表 7.2 中。

表 7.2 实施过程记录表

任务名称	
实施过程中出现的问题	
解决办法	
心得体会	

五、任务评价

任务评价表如表 7.3 所示。

表 7.3 任务评价表

序号	评价内容与标准	配分	自我评价	组员互评	教师评价	综合评价
1	学习准备	10 分				
2	根据生产纲领,编制合理的数控加工工艺规划	10 分				
3	填写详细的数控加工工艺规程卡	15 分				
4	根据车间设备实际情况确定各工序内容及各工步详细参数	15 分				
5	填写详细的工序卡	15 分				
6	参与讨论主动性	10 分				
7	沟通协作	10 分				
8	展示汇报	15 分				

【青年楷模】机械制造工艺高级技师。

任务 7.2　工序一程序编制

一、任务要求

本任务要求完成如图 7.3 所示支架零件工序一程序编制，主要包括以下功能的使用：
(1) 图层命令：图层设置、复制至图层。
(2) 创建刀具：立铣刀、倒角铣刀、麻花钻、中心钻、螺纹铣刀。
(3) 创建几何体：坐标系、几何体。
(4) 创建工序：型腔铣、孔铣、底壁铣、深度轮廓铣、固定轴轮廓铣、定心钻、钻孔。
(5) 创建程序：平面铣、轮廓铣、孔加工、钻削。
(6) 创建方法：粗加工、精加工。

二、任务分析

本道工序加工要求为：虎钳夹持，按图 7.3 所示图纸尺寸要求精铣外形及各台阶，并钻孔沉孔（锐边倒钝）。

由于零件毛坯表面质量较好，可直接用毛坯面定位工件，用虎钳夹持。为防止由于坐标系不统一可能导致的程序生成错误和工件坐标系设定错误，通过移动工件，使模型的基准坐标系和加工坐标系重合，位于毛坯底面中心处。本工序一次装夹可加工出零件的四个侧面和除 $\phi 2$ mm 深 3 mm 孔以外的上表面所有特征。需要用到面铣、轮廓铣、孔加工等多种加工方法。

三、任务计划

请同学们根据任务要求，结合任务分析信息，制定一份关于任务实施的计划书，并将相关信息填写在表 7.4 中。

表 7.4　任务实施计划书

任务名称	
小组分工	
任务流程图	

任务指令或资源信息	
注意事项	

四、任务实施

工序一程序编制如表 7.5 所示。

表 7.5 工序一程序编制

操作内容及说明	图示
1. 移动模型 Step1：打开模型，【视图】选项卡中单击 【更多】，如图 1 所示，选择 【复制至图层】命令，弹出【类选择】对话框，绘图区选择模型，单击【确定】，弹出【图层移动】对话框，"目标图层或类别"中输入数字 10，单击【确定】。此时在【部件导航器】中可见多了一个实体 ，右击将其设为"显示"，并将图层 1 中的模型设为"隐藏"。 移动模型至其他图层的目的是为了封装原始模型，以备后续工序查验。 Step2：将图层 10 设置为工作图层。下拉列表中选择【菜单】→【编辑】→【移动对象】 ，绘图区选择零件模型作为对象，"变换"方式中"运动"下拉列表中选择"距离"，"指定矢量"选择"ZC 轴"，距离输入 5。"结果"中选择"移动原先的"，如图 2 所示，单击【确定】。此时可见模型相对于基准坐标系上移了 5 mm。同样的方法移动模型，使坐标系位于模型底面中心、距离底面 5 mm 的位置，如图 3 所示。 改变模型在基准坐标系中的位置的主要目的是为了使基准重合	图 1 图 2 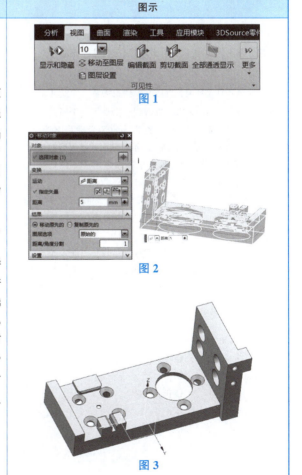图 3

续表

操作内容及说明	图示
2. 简化模型 Step1：【主页】选项卡中单击 【移动面】，选择如图 4 所示模型面，将其沿面的法线方向移动 4.2 mm，使其与凸台平齐，单击【应用】。 Step2：采用同样的方法补齐侧面，使 Y 的正方向上两个竖直面共面，单击【确定】，结果如图 5 所示。 去掉一些细节特征的目的是为了使模型与本工序的工序图保持一致，同时在编程过程中可以避免不必要的走刀	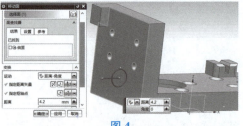 图 4 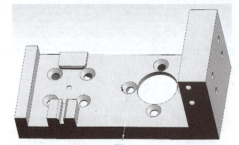 图 5
3. 进入加工环境 【应用模块】选项卡中单击 【加工】，弹出【加工环境】对话框，采用默认设置，如图 6 所示，单击【确定】进入加工环境。此时导航器自动转换为 【工序导航器】。在绘图区中可以看到，出现了一个新的坐标系 XM/YM/ZM，该坐标系称之为机床坐标系 MCS，实际上是加工坐标系，如图 7 所示。前面移动模型的步骤就是为了使这里产生的加工坐标系能够和基准坐标系重合，方便对刀加工。 这样做可以有效避免由于基准不重合导致的程序后处理错乱的问题，但必须在工序图中明确标识加工坐标系的位置。 必须在此指定一种操作模板类型，不过在进入加工环境后，可以随时改选此环境中的其他操作模板类型。 • mill_planar　　　平面铣； • mill_contour　　 轮廓铣； • mill_multi_axis　 多轴铣； • mill_multi_blade　多轴铣叶片； • mill_rotary　　　旋转铣； • drill　　　　　　钻； • hole-making　　 镗孔； • turning　　　　 车； • wile_edm　　　 线切割	 图 6 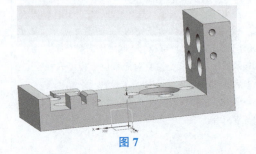 图 7

158　■ CAD/CAM 技术应用实例

操作内容及说明	图示
4. 创建圆柱铣刀 Step1：打开【机床视图】，这样在工序导航器中就可以显示机床视图了，创建的所有刀具都会在这里显示，如图8所示。	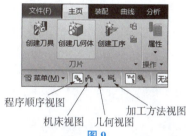 图 8
Step2：【主页】选项卡中（图9）单击 【创建刀具】，"类型"选择"mill_planar"，"刀具子类型"选择"MILL"（圆柱铣刀），"名称"对话框中输入D12，如图10所示，单击【确定】，弹出【铣刀-5参数】对话框，此时在绘图区可以预览到刀具，刀尖点位于机床坐标系原点。	
也可"从库中调用刀具"，刀具名称可以根据个人使用习惯自定义。 • CHAMFER_MILL 倒角铣刀； • BALL_MILL 球形铣刀； • SPHERICAL_MILL 球头铣刀； • T_CUTTER T形槽刀； • BARREL 鼓形铣刀； • THREAD_MILL 螺纹刀 Step3：根据工艺要求，创建直径为 ϕ12 mm 的立铣刀。在"直径"文本框中输入12，"长度"文本框中输入75，"刀刃长度"文本框中输入25，"刀刃数"文本框中输入4，"刀具号""补偿寄存器""刀具补偿寄存器"均为1，完成刀具尺寸参数和编号定义，如图11所示，单击【确定】。	 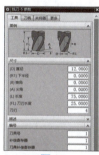 图 10　　　　　　　图 11
Step4：根据工艺要求，创建直径为 ϕ8 mm 的立铣刀，如图12所示。	 图 12
Step5：根据工艺要求，创建直径为 ϕ1.5 mm 的立铣刀。该刀具除定义刀具尺寸参数（图13）外，还需定义刀柄参数。单击【刀柄】选项卡，输入刀柄直径、刀柄长度、锥柄长度，定义刀柄参数，如图14所示，单击【确定】。 由于刀具较细、长度较短，为提高刀具强度，该类刀具往往与普通圆柱铣刀在结构上有较大差异，可借助【刀柄】功能定义此类铣刀不同的结构。 准确定义刀具及刀柄参数有助于模拟加工时检查干涉情况，消除撞刀隐患，保证加工安全	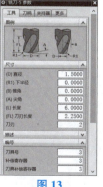  图 13　　　　　　　图 14

续表

操作内容及说明	图示
5. 创建钻头 Step1：单击【创建刀具】，"类型"选择"drill"（钻削），"刀具子类型"选择"DRILLING_TOOL"（麻花钻），单击【确定】，弹出【钻刀】对话框，可对钻头进行设置。 • SPOTFACING_TOOL 锪刀； • SPOTDRILLING_TOOL 中心钻。 Step2：根据工艺要求，创建麻花钻，如图15和图16所示。 Step3：根据工艺要求，创建中心钻，注意设置刀柄参数，如图17和图18所示	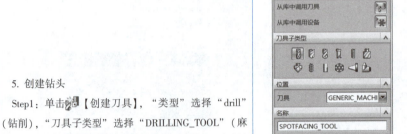 图15　　　　　图16 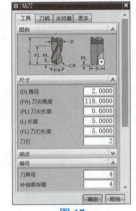 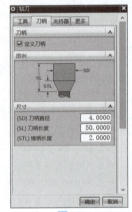 图17　　　　　图18
6. 创建倒斜铣刀 单击【创建刀具】，"类型"选择"mill_planar"，"刀具子类型"选择"CHAMFER_MILL"，单击【确定】，弹出【倒斜铣刀】对话框，可对铣刀进行设置，如图19和图20所示	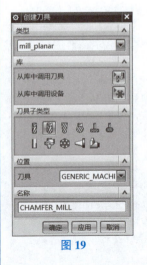 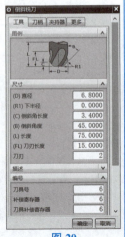 图19　　　　　图20

操作内容及说明	图示
7. 创建几何体 Step1：打开【几何视图】，这样在工序导航器中就可以看到坐标系和几何体了，如图21所示。 Step2：【主页】选项卡中单击 【创建几何体】，弹出【创建几何体】对话框，可以按需新建几何体，如图22所示。 创建几何体主要是定义要加工的几何对象（包括部件几何体、毛坯几何体、切削区域、检查几何体、修剪几何体）和指定零件几何体在数控机床上的机床坐标系（MCS）。几何体可以在创建工序之前定义，也可以在创建工序过程中指定。其区别是提前定义的加工几何体可以为多个工序使用，而在创建工序过程中指定加工几何体只能为该工序使用。 也可利用现有的机床坐标系。 Step3：双击 MCS_MILL，弹出MCS设置对话框，安全设置选项中选择"平面"选项，绘图区单击最高的表面作为参考平面，"距离"文本框中输入10，单击【确定】，完成安全平面创建，如图23所示。 设置安全平面可以避免在创建每一道工序时都设置避让参数。 Step4：单击工序导航器中"MCS_MILL"前面的 号，展开机床坐标系。双击"WORKPIECE"，对工件进行定义。单击【指定部件】图标 ，绘图区选择本工序模型，此时可见旁边的手电筒图标高亮显示，单击 可查看，如图24和图25所示。 Step5：单击【指定毛坯】图标 ，弹出【毛坯几何体】对话框，"类型"选择"包容块"，根据来料毛坯尺寸设置包容块的尺寸，其中，"限制"尺寸实为毛坯余量，单击【确定】，此时可见旁边的手电筒图标高亮显示，单击 可查看。 如果毛坯形状复杂，可在其他图层中创建毛坯模型	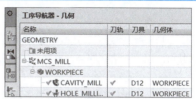 图21  图22 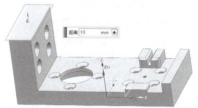 图23  图24 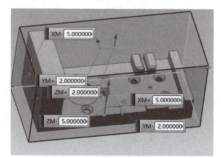 图25

学习情境7　零件铣削工艺及程序编制

续表

操作内容及说明	图示

8. 一次开粗-创建型腔铣工序

Step1：打开【程序顺序视图】，这样在工序导航器中就可以看到所有工序了，各工序排列的顺序也是在机床上执行的顺序，如图26所示。

Step2：【主页】选项卡中单击 ，【创建工序】，弹出【创建工序】对话框。"类型"选择"mill_contour"，"工序子类型"选择 【型腔铣】，"程序"选择"NC_PROGRAM"，"刀具"选择"D12"，"几何体"选择"WORKPIECE"，"方法"选择"MILL_ROUGH"（粗铣），名称可以自定义，如图27所示，单击【确定】，弹出【型腔铣】对话框。

型腔铣以固定刀轴快速而高效的粗加工平面或曲面几何体，刀具侧刃切除垂直面材料，底面刀刃切除底面材料，几乎适用于加工任意形状的几何体，可以应用于大部分的粗加工和直壁或者斜度不大的侧壁的精加工，也可用于清根加工。

- MILL_SEMI_FINISH 半精铣。
- MILL_FINISH 精铣。

各加工方法的差异在于对加工余量、几何体内外公差和进给速度等选项的不同设置，得到不同的加工精度，这些参数也可在后期调整。

Step3："切削模式"选择"跟随周边"，如图28所示。

- 跟随周边：表示沿切削区域的外轮廓生成刀轨，并通过偏移该刀轨形成一系列的同心刀轨，并且这些刀轨间可以连续进刀，因此效率也较高。设置参数时需要设定步距的方向是"向内"（外部进刀，步距指向中心）还是"向外"（中间进刀，步距指向外部）。此方式常用于带有岛屿和内腔零件的粗加工，如模具的型芯和型腔等。
- 跟随部件：根据整个部件几何体并通过偏置来产生刀轨。与"跟随周边"方式不同的是，"跟随周边"只从部件或毛坯的外轮廓生成并偏移刀轨，"跟随部件"方式是根据整个部件中的几何体生成并偏移刀轨。"跟随部件"可以根据部件的外轮廓生成刀轨，也可以根据岛屿和型腔的外围环生成刀轨，所以无须进行"岛清理"的设置。另外，"跟随部件"方式无须指定步距的方向，一般来讲，型腔的步距方向总是向外的，岛屿的步距方向总是向内的。此方式也十分适合带有岛屿和内腔零件的粗加工，当零件只有外轮廓这一条边界几何时，它和"跟随周边"方式是一样的，一般优先选择"跟随部件"方式进行加工

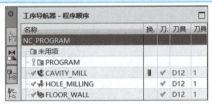

图 26

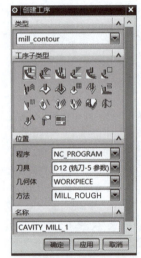

图 27

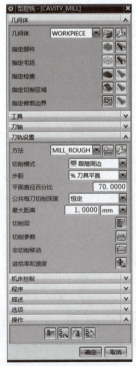

图 28

162 ■ CAD/CAM 技术应用实例

续表

操作内容及说明	图示
• 轮廓：用于创建一条或者几条指定数量的刀轨来完成零件侧壁或外形轮廓的加工。生成刀轨的方式和"跟随部件"方式相似，主要以精加工或半精加工为主。 Step4："步距"选择"%刀具平直"，"平面直径百分比"文本框中输入 70，表示同一水平面内相邻两刀轨之间的最大间距为刀具直径的 70%，如图 28 所示 Step5："公共每刀切削深度"选择"恒定"，"最大距离"文本框中输入 1 mm，表示每刀最大切削深度为 1 mm。 Step6：单击【切削层】图标，弹出【切削层】设置对话框（图 29），根据工件凸台的高低，在切削深度范围内刀具轨迹被划分为 5 个层级，如图 30 所示。"列表"下拉菜单往下拉，选中第 5 层，将"范围深度"改为 40.5，单击【确定】。	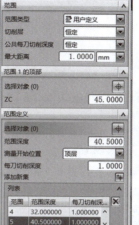 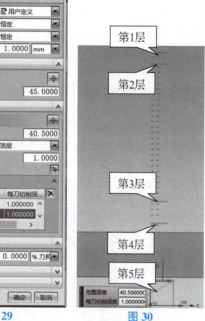 图 29　　　　图 30
Step7：单击【切削参数】图标，弹出【切削参数】对话框，设置【策略】选项卡参数，如图 31 所示，单击【确定】。 • 顺铣：沿刀轴方向向下看，主轴的旋转方向与运动方向一致。 • 逆铣：沿刀轴方向向下看，主轴的旋转方向与运动方向相反。	 图 31
Step8：设置【余量】选项卡参数，如图 32 所示，单击【确定】。 • 部件侧面余量：零件侧壁上的余量。一般粗加工和半精加工时会留有一定的部件余量用于精加工。 • 毛坯余量：用于定义刀具定位点与所创建的毛坯几何体之间的距离。 • 检查余量：用于定义刀具与已创建的检查边界之间的余量。 • 内公差：用于定义切削零件时允许刀具切入零件的最大偏距。 • 外公差：用于定义切削零件时允许刀具离开零件的最大偏距	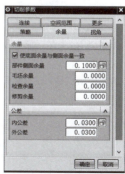 图 32

学习情境 7　零件铣削工艺及程序编制　163

续表

操作内容及说明	图示
Step9：设置【拐角】选项卡参数，如图 33 所示，单击【确定】。 ● 对所有刀路进行光顺可以减少刀具突然转向对机床的冲击。 Step10：单击【非切削移动】图标 ，弹出【非切削移动】参数设置对话框。设置"进刀""起点/钻点""转移/快速"的参数，如图 34 和图 35 所示，单击【确定】。	 图 33  图 34　　　图 35
Step11：单击【进给率和速度】图标 ，弹出【进给率和速度】参数设置对话框。设置"主轴转速""进给率"，如图 36 所示，单击【确定】。 输入主轴速度和进给率后，都需要点旁边的 图标，进行表面速度和每齿进给量的换算，否则会报错。 "移刀"参数默认为"快速"，即为 G00 快速移动方式。G00 移动路径一般默认为最短距离，机床抬刀或移刀过程中若为 G00 移动方式，有可能与工件发生碰撞，为避免此类情况出现，一般采用先抬刀到安全平面，再快速移动的方式，给定移刀速度就是采用这种方式	 图 36

164 ■ CAD/CAM 技术应用实例

续表

操作内容及说明	图示
Step12：单击【操作】中的【生成】图标 ![icon]，生成刀路，如图37和38所示。 Step13：单击【操作】中的【确认】图标 ![icon]，弹出【刀轨可视化】对话框。选择"3D动态"选项卡，调整动画速度控制条，单击 ▶【播放】，可以仿真刀具切削过程，查看程序效果，如图39和图40所示，播放完成后单击【确定】。型腔铣对话框中单击【确定】，完成本工序的创建，结果如图41所示	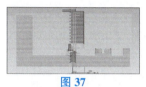 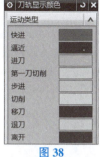 图37　　　　　图38  图39　　　　　图40 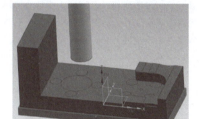 图41
9. 铣孔－创建孔铣工序 Step1：单击 ![icon]【创建工序】，弹出【创建工序】对话框。"类型"选择"hole_making"，"工序子类型"选择 ![icon]【孔铣】，"程序"选择"NC_PROGRAM"，刀具选择"D12"，"几何体"选择"WORKPIECE"，"方法"选择"MILL_FINISH"，名称可以自定义，如图42所示，单击【确定】，弹出【孔铣】对话框。 孔铣削就是以小直径的端铣刀以螺旋的方式加工大直径的内孔或凸台的高效铣削方式。	 图42
Step2："切削模式"选择" ![icon]螺旋/平面螺旋"，螺旋直径输入15 mm。 ● 【![icon]螺旋】：离起始直径的偏置距离文本框，通过定义该偏置距离来控制平面螺旋线的起点，刀具在每个深度都按照螺旋渐开线的轨迹来切削直至圆柱面，此时的刀路从刀轴方向看是螺旋渐开线，如图43所示	 图43

学习情境7　零件铣削工艺及程序编制　　165

续表

操作内容及说明	图示
• 【🌀螺旋】：离起始直径的偏置距离文本框，通过定义该偏置距离来控制空间螺旋线的起点，刀具由此起点以空间螺旋线的轨迹进行切削，直至底面，然后抬刀，在径向增加一个步距值继续按空间螺旋线的轨迹进行切削，重复此过程直至切削结束，此时的刀路从刀轴方向看是一系列的同心圆，如图 44 所示。 • 【🌀螺旋/平面螺旋】：螺旋线直径文本框，通过定义螺旋线的直径来控制空间螺旋线的起点，刀具先以空间螺旋线的轨迹切削到一定深度，然后再按照螺旋渐开线的轨迹来切削其余的壁厚材料，因此刀路从刀轴方向看既有一系列同心圆，又有螺旋渐开线，如图 45 所示。 Step3：轴向"每转深度"选择"距离"，"螺距"输入 1 mm，定义刀具沿轴向进刀的螺距值。"轴向步距"选择"刀路数"，数值为 1，如图 46 所示。数值为 n，则刀路数为 n 层螺旋渐开线。 Step4：【径向步距】选择"恒定"，【最大距离】输入 1 mm，定义刀具径向最大切削深度为 1 mm，如图 46 所示	 图 44  图 45 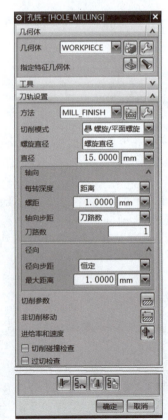 图 46

续表

操作内容及说明	图示
Step5：在 【切削参数】中定义【余量】，其他选项默认，如图47所示。 Step6：在 【非切削移动】中定义【进刀】，其他选项默认，如图48所示。 Step7：定义 【进给率和速度】参数，如图49所示。	 图47   图48　　图49
Step8：生成刀具轨迹并确认，如图50所示	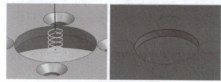 图50
10. 精铣平面-创建底壁铣工序 Step1：单击 【创建工序】，弹出【创建工序】对话框。"类型"选择"mill_planar"，"工序子类型"选择 【底壁铣】，"程序"选择"NC_PROGRAM"，刀具选择"D12"，"几何体"选择"WORKPIECE"，"方法"选择"MILL_FINISH"，名称可以自定义，如图51所示，单击【确定】，弹出【底壁铣】对话框。 底壁铣是平面铣工序中比较常用的铣削方式之一，它通过选择加工平面来指定加工区域一般选用端铣刀。底壁铣可以进行粗加工，也可以进行精加工。	 图51
Step2：单击【指定切削区域底面】图标 ，选择要切削的工件表面，如图52所示	 图52

续表

操作内容及说明	图示
● 【指定检查体】检查几何体是在切削加工过程中需要避让的几何体,如夹具或重要的加工平面。 ● 【指定壁几何体】通过设置侧壁几何体来替换工件余量,表示除了加工面以外的全局工件余量。 Step3:刀轨设置中"切削区域空间范围"选择"底面","切削模式"选择"单向","步距"选择"恒定","最大距离"输入80%刀具,"底面毛坯厚度"为粗加工工序余量,此处输入0.1,如图53所示。 ● 单向:刀具在切削轨迹的起点进刀,切削到切削轨迹的中点,然后抬刀至转换平面高度,平移到下一行轨迹的起点,刀具开始以同样的方向进行下一行切削。切削轨迹始终维持一个方向的顺铣或者逆铣,在连续两行平行刀轨间没有沿轮廓的切削运动,从而会影响切削效率。此方式常用于岛屿的精加工和无法运用往复式加工的场合,如一些陡壁的筋板。 ● 往复:是指刀具在同一切削层内不抬刀,在步距宽度的范围内沿着切削区域的轮廓维持连续往复的切削运动。往复式切削方式生成的是多条平行直线刀轨,连续两行平行刀轨的切削方向相反,但步进方向相同,所以在加工中会交替出现顺铣和逆铣。在加工策略中指定顺铣或逆铣不会影响此切削方式,但会影响其中的"壁清根"的切削方向(顺铣和逆铣是会影响加工精度的,逆铣的加工精度比较高)。这种方法在加工时刀具在步进时始终保持进刀状态,能最大化地对材料进行切除,是最经济和高效的切削方式,通常用于型腔的粗加工。	 图 53 
Step4:【切削参数】【非切削移动】采用默认选项,按工艺要求给定【进给率和速度】参数,如图54所示。 Step5:生成刀具轨迹并确认,结果如图55所示。	 图 54 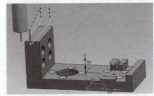 图 55

续表

操作内容及说明	图示

11. 精铣凸台表面-创建底壁铣工序

Step1：【工序导航器-程序顺序】中，在刚刚生成的"FLOOR_WALL"程序名称上右击，弹出右键菜单，选择"复制"，在程序列表中最后一个程序上右击，选择"粘贴"，此时会在"FLOOR_WALL"下面出现一个新的程序 FLOOR_WALL_COPY，如图56所示。

Step2：双击该程序，弹出【底壁铣】对话框，单击【指定切削区域底面】图标，弹出【切削区域】对话框，单击【删除】命令，并重新选择需要切削的平面作为底面就可以了，其他参数不做修改，如图57所示。

Step3：生成刀具轨迹并确认，结果如图58所示。

Step4：同样的方法，完成另一个面的精铣，如图59所示

图 56　　图 57

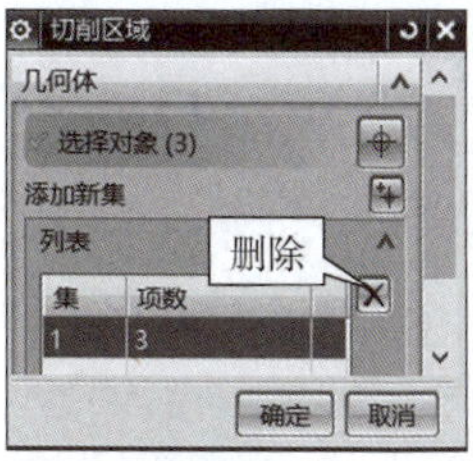

图 58

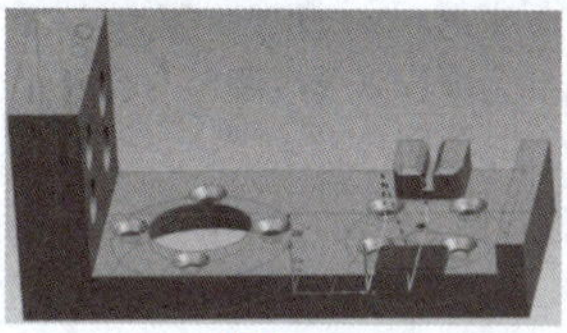

图 59

12. 二次开粗铣凸台-创建型腔铣工序

Step1：【工序导航器-程序顺序】中 CAVITY_MILL 上右击，选择"复制"，在程序列表中最后一个程序上右击，选择"粘贴"，生成 CAVITY_MILL_COPY，双击该程序，弹出【型腔铣】对话框，展开"工具"区域，在"刀具"下拉菜单中，修改刀具为"D8"，如图60所示。

Step2：单击【切削层】图标，弹出【切削层】对话框，"列表"区域中删除第1层和第5层，单击【确定】，如图61所示。

Step3：单击【切削参数】图标，弹出【切削参数】对话框，【空间范围】选项卡中"参考刀具"选择"D12"，"重叠距离"设为1，如图62所示，单击【确定】。

Step4：单击【非切削移动】图标，弹出【非切削移动】对话框，【进刀】选项卡中"封闭区域"改为"插削"，其他参数采用默认；"开放区域"改为"线性"，其他参数采用默认，如图63所示，单击【确定】

图 60

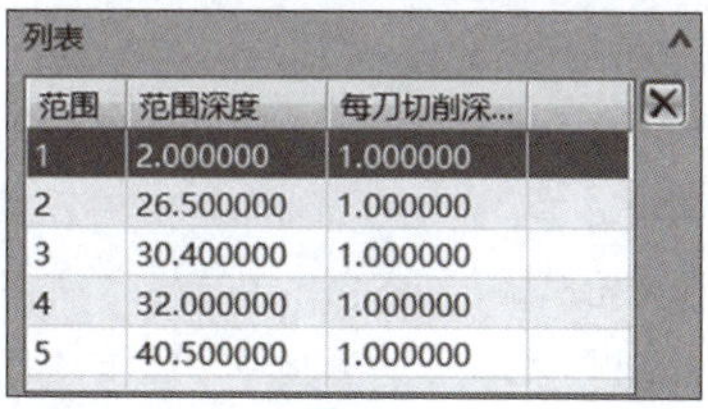

图 61

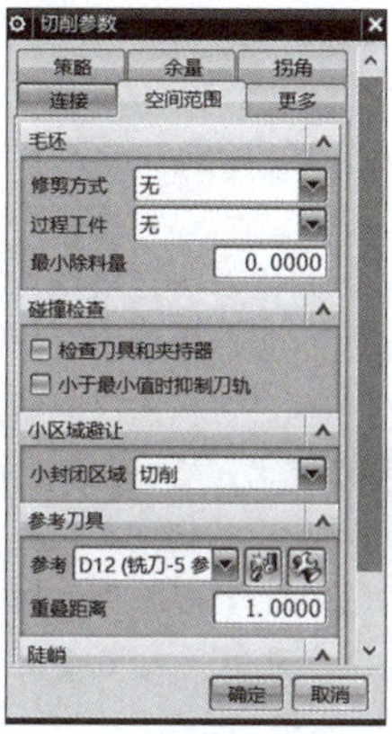

图 62　　图 63

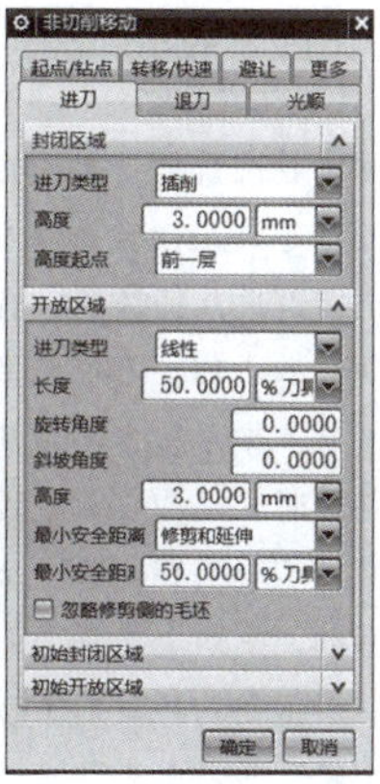

学习情境7　零件铣削工艺及程序编制　169

续表

操作内容及说明	图示
Step5：生成刀具轨迹并确认，如图64和图65所示	  图64　　　　图65
13. 精铣底面——创建底壁铣工序 Step1：【工序导航器-程序顺序】中，复制"FLOOR_WALL"程序，在程序列表中最后一个程序上右击，选择"粘贴"，建立一个新的程序。 Step2：双击该程序，弹出【底壁铣】对话框，重新选择要切削的平面作为"指定切削区域底面"。 Step3：【刀轨设置】中"切削模式"改为"往复"，"最大距离"改为50%刀具，其他参数不做修改，如图66所示。 Step4：生成刀具轨迹并确认，如图67所示	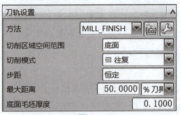 图66  图67
14. 精铣侧壁-创建深度轮廓铣工序 Step1：单击 【创建工序】，弹出【创建工序】对话框。"类型"选择"mill_contour"，"工序子类型"选择 【深度轮廓铣】，"程序"选择"NC_PROGRAM"，刀具选择"D8"，几何体选择"WORKPIECE"，"方法"选择"MILL_FINISH"，名称可以自定义，如图68所示，单击【确定】，弹出【深度轮廓】铣对话框。 深度轮廓铣是一种固定轴铣操作，通过多个切削层来加工零件表面轮廓。在深度加工铣操作中，除了可以指定部件几何体外，还可以指定切削区域作为部件几何体的子集，方便限制切削区域。如果没有指定切削区域，则对整个零件进行切削。在创建深度加工铣削路径时，系统自动追踪零件几何，检查几何的陡峭区域，定制追踪形状，识别可加工的切削区域，并在所有的切削层上生成不过切的刀具路径。深度加工铣的一个重要功能就是能够指定"陡角"，以区分陡峭与非陡峭区域	 图68

续表

操作内容及说明	图示
Step2：单击 【指定修剪边界】图标，弹出【修剪边界】对话框（图69），"边界"区域中"选择方法"改为" 曲线"，选择 φ17.4 mm 圆的边界（图70），"修剪侧"改为"内侧"，表示该轮廓内侧壁不被加工。 Step3："刀轨设置"中"最大距离"改为10 mm，如图71 所示。 Step4：单击【切削参数】图标 ，弹出【切削参数】对话框，【策略】选项卡中"切削顺序"选择"深度优先"，务必勾选"在刀具接触点下继续切削"，其他参数采用默认，如图72 所示，单击【确定】。 Step5：单击【非切削移动】图标 ，弹出【非切削移动】对话框，"起点/钻点"选项卡中"默认区域起点"改为"拐角"，其他参数采用默认，单击【确定】。 Step6：定义 【进给率和速度】参数，如图73 所示。 Step7：生成刀具轨迹并确认，结果如图74 所示。	 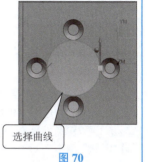 图69　　　　　图70 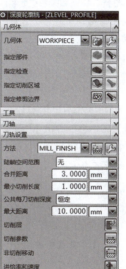 图71　　　　　图72  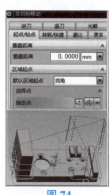 图73　　　　　图74

学习情境7　零件铣削工艺及程序编制　171

续表

操作内容及说明	图示
15. 铣倒角–创建固定轮廓铣工序 Step1：单击 【创建工序】，弹出【创建工序】对话框。"类型"选择"mill_contour"，"工序子类型"选择 【固定轮廓铣】，"程序"选择"NC_PROGRAM"，刀具选择"D8"，"几何体"选择"WORKPIECE"，"方法"选择"MILL_FINISH"，名称可以自定义，如图 75 所示，单击【确定】，弹出【固定轮廓铣】对话框，如图 76 所示。 固定轴轮廓铣是一种用于精加工由轮廓曲面所形成区域的加工方式，它通过精确控制刀具轴和投影矢量，使刀具沿着复杂轮廓运动。固定轴轮廓铣是通过定义不同的驱动几何体来产生驱动点阵列，并沿着指定的投影矢量方向投影到部件几何体上，然后将刀具定位到部件几何体以生成刀轨。固定轴轮廓铣常用的驱动方法有边界驱动、区域驱动和流线驱动等。在没有倒角刀的情况下，可以采用该方法用刀具侧刃切制倒角。 Step2：单击【指定切削区域】图标 ，弹出【切削区域】对话框，"选择方法"中选择"面"，绘图区中选择倒角斜面作为切削区域，如图 77 所示。	 图 75   图 76 图 77
Step3："驱动方法"选择"区域铣削"，如图 78 所示，单击【编辑】图标 ，弹出【区域铣削驱动方法】对话框。 Step4："步距"选择"恒定"，"最大距离"输入 0.1 mm，"步距已应用"选择"在平面上"，如图 79 所示。切削角选择"矢量"，"指定矢量"下拉菜单中选择 "两点"方式，单击 ，弹出【矢量】对话框，绘图区选择两个点作为矢量方向，如图 80 和图 81 所示，单击【确定】返回【区域铣削驱动方法】对话框，其他参数默认，单击【确定】。	 图 78 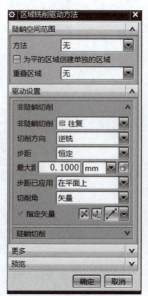  图 80 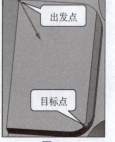 图 79 图 81

172 ■ CAD/CAM 技术应用实例

续表

操作内容及说明	图示
Step5：单击【非切削移动】图标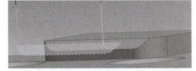，弹出【非切削移动】对话框，"进刀"选项卡中"进刀类型"改为"圆弧-平行于刀轴"，输入半径10%刀具，其他参数采用默认，如图82所示，单击【确定】。 Step6：定义【进给率和速度】参数，如图83所示。 Step7：生成刀具轨迹并确认，结果如图84所示	图82　图83 图84
16. 精铣窄槽-创建底壁铣工序 Step1：创建底壁铣工序，如图85所示。 Step2：单击【指定切削区域底面】图标，选择窄槽的底面，如图86所示。 Step3：勾选"自动壁"，则系统会自动指定与底面垂直的两竖直面为壁几何体，如图86所示。 Step4："刀具"选择"D1.5"。 Step5："切削区域空间范围"选择"壁"，"切削模式"选择"跟随周边"，"步距"选择"%刀具平直"，"平面直径百分比"输入66，"每刀切削深度"输入0.1，如图85所示。 Step6：单击【非切削移动】图标，弹出【非切削移动】对话框，【起点/钻点】选项卡中"默认区域起点"改为"中点"，绘图区选择窄槽底边中点，如图87和图88所示。 Step7：【进刀】选项卡中设置开放区域进刀类型为"线性"，封闭区域进刀类型与开放区域相同，如图89所示，单击【确定】，返回【底壁铣】对话框	 图85　图86　图87　图88

续表

操作内容及说明	图示
Step8：定义 【进给率和速度】参数，如图90所示。	 图89　　　　图90
Step9：生成刀具轨迹并确认，结果如图91所示	图91
17. 打中心孔-创建定心钻工序 Step1：单击 【创建工序】，弹出【创建工序】对话框。"类型"选择"drill"，"工序子类型"选择 【定心钻】，"程序"选择"NC_PROGRAM"，刀具选择"SPOTDRILLING_TOOL"，"几何体"选择"WORK-PIECE"，"方法"选择默认，名称可以自定义，如图92所示，单击【确定】，弹出【定心钻】对话框，如图93所示。 Step2：单击 【指定孔】图标，弹出【点到点几何体】对话框，单击 选择，绘图区选择8个φ6.5的圆形边界，单击【确定】，回到【点到点几何体】对话框，单击 优化，弹出的对话框中选择 最短刀轨，单击 优化，单击 接受，单击【确定】，结果如图94所示。 Step3："循环类型"选择"标准钻"，单击旁边的【编辑参数】图标 ，单击【确定】，弹出【Cycle参数】对话框，单击 Depth (Tip)，弹出的对话框中选择 刀尖深度，深度文本框中输入"0.5"并回车，单击【确定】	 图92　　　　图93  优化前刀轨　　优化后刀轨 图94

续表

操作内容及说明	图示
Step4：定义 【进给率和速度】参数，如图 95 所示。 Step5：生成刀具轨迹并确认	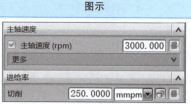 图 95
18. 钻底孔-创建钻孔工序 Step1：单击【创建工序】，弹出【创建工序】对话框。"类型"选择"drill"，"工序子类型"选择 【钻孔】，"程序"选择"NC_PROGRAM"，刀具选择"DRILLING_TOOL3.5"，"几何体"选择"WORKPIECE"，"方法"选择默认，名称可以自定义，单击【确定】，弹出【钻孔】对话框，如图 96 所示。 Step2：单击 【指定孔】图标，弹出【点到点几何体】对话框，单击 选择 ，绘图区选择 8 个 φ3.5 mm 的圆形边界，单击【确定】，回到【点到点几何体】对话框，单击 优化 ，弹出的对话框中选择 最短刀轨 ，单击 优化 ，单击 接受 ，单击【确定】。 Step3：【循环类型】选择"标准钻，断屑"，单击旁边的 【编辑参数】图标，单击【确定】，弹出【Cycle 参数】对话框，单击 Depth (Tip)，弹出的对话框中选择 刀尖深度 ，深度文本框中输入"4"并回车，单击【确定】。 Step4：定义 【进给率和速度】参数，如图 97 所示。 Step5：生成刀具轨迹并确认，结果如图 98 所示	 图 96 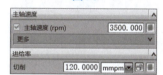 图 97  图 98
19. 钻沉头孔-创建钻孔工序 Step1：【工序导航器-程序顺序】中，复制"DRILLING"程序，在程序列表中最后一个程序上右击，选择"粘贴"，建立一个新的程序。 Step2：双击该程序，弹出【钻孔】对话框，"刀具"修改为"CHAMFER_MILL"，如图 99 所示。 Step3："循环类型"选择"标准钻，断屑"，单击旁边的【编辑参数】图标 ，单击【确定】，弹出【Cycle 参数】对话框，单击 Depth (Tip)，弹出的对话框中选择 刀尖深度 ，深度文本框中输入"3.25"并回车，单击【确定】	 图 99

学习情境 7　零件铣削工艺及程序编制　175

操作内容及说明	图示
Step4：生成刀具轨迹并确认，结果如图 100 所示	 图 100
20. 铣凸台倒角-创建深度轮廓铣工序 Step1：创建深度轮廓铣工序，【程序】选择"NC_PROGRAM"，刀具选择"CHAMFER_MILL"，【几何体】选择"WORKPIECE"，【方法】选择"MILL_FINISH"，名称可以自定义，单击【确定】，弹出【深度轮廓】铣对话框，如图 101 所示。 Step2：单击【指定切削区域】图标，弹出【切削区域】对话框，"选择方法"中选择"面"，绘图区中选择倒角斜面作为切削区域，如图 102 所示。 Step3：刀轨设置中"陡峭空间范围"选择"无"，"合并距离"输入 3 mm，"最小切削长度"输入 1 mm，"公共每刀切削深度"选择"恒定"，"最大距离"输入 3 mm，如图 103 所示。	 图 101　　图 102  图 103
Step4：单击【切削参数】图标，弹出【切削参数】对话框，【策略】选项卡中勾选"在边上延伸"，距离为 0.5 mm，同时勾选"在刀具接触点下继续切削"，如图 104 所示。【进刀】选项卡中开放区域进刀类型改为"线性-相对于切削"，输入长度 1 mm，其他参数采用默认，封闭区域进刀类型改为"与开放区域相同"，如图 105 所示，单击【确定】。	 图 104　　图 105
Step5：单击【非切削移动】图标，弹出【非切削移动】对话框，【转移/快速】选项卡中安全设置选项选择"平面"如图 106 所示，指定凸台上表面，绘图区输入 3，如图 107 所示，回车，单击【确定】。	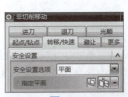 图 106　　图 107
Step6：给定主轴转速 3 500 r/min，切削速度 300 mm/min。 Step7：生成刀具轨迹并确认，结果如图 108 所示	 图 108

续表

操作内容及说明	图示
21. 铣凸台另一侧倒角-创建深度轮廓铣工序 Step1:【工序导航器-程序顺序】中，复制"ZLEVEL_PROFILE_1"程序，在程序列表中最后一个程序上右击，选择"粘贴"，建立一个新的程序。 Step2:双击该程序，弹出【深度轮廓铣】对话框，重新选择要切削的平面作为"指定切削区域"，如图109所示。其他参数无须修改，单击【确认】。 Step3:生成刀具轨迹并确认，结果如图110所示	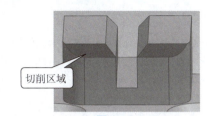 图 109  图 110
22. 锐角倒钝-创建平面轮廓铣工序 Step1:单击【创建工序】，弹出【创建工序】对话框，如图111所示。"类型"选择"mill_planar"，"工序子类型"选择 ，"程序"选择"NC_PROGRAM"，刀具选择"CHAMFER_MILL"，【几何体】选择"WORKPIECE"，【方法】选择"MILL_FINISH"，名称可以自定义，单击【确定】，弹出【平面轮廓铣】对话框，如图112所示。 平面轮廓铣是平面铣操作中比较常用的铣削方式之一，通俗地讲就是平面铣的轮廓铣削，不同之处在于平面轮廓铣不需要指定切削驱动方式，系统自动在所指定的边界外产生适当的切削刀路。平面轮廓铣多用于修边和精加工处理。 Step2:单击【指定部件边界】图标 ，弹出【部件边界】对话框（图113），边界选择方法选择" 面"，绘图区选择最高的表面，系统会自动捕捉面的边界，形成一个封闭区域，也可采用" 曲线"方法，选择该表面的四个边界就可以了。"刀具侧"选"外侧"，表示刀具位于该封闭区域之外，"平面"选"自动"。 如果切削区域为开放区域，比如只需对一条进行倒钝，那就只能选择" 曲线"方法，如"刀具侧"为"右"，则顺着走刀方向看过去，刀具位于右侧，如图114和图115所示	 图 111　　　　图 112  图 113  图 114　　　　图 115

续表

操作内容及说明	图示
Step3：单击【指定底面】图标，弹出【平面】对话框，"类型"选择"按某一距离"，选择最高的表面，文本框中输入1，方向向下，如图116和图117所示，单击【确定】。	 图116　　图117
Step4：刀轨设置中注意将"部件余量"设为"-0.2"，表示去除0.2 mm的材料，如图118和图119所示，也可在【切削参数】中设置。	 图118　　图119
Step5：单击【非切削移动】图标，弹出【非切削移动】对话框，设置【进刀】参数（图120），【起刀/钻点】选项卡中"默认区域起点"改为"拐角"。 Step6：给定主轴转速4 000 r/min，切削速度1 000 mm/min。 Step7：生成刀具轨迹并确认	 图120
23. 锐角倒钝另一凸台-创建平面轮廓铣工序 Step1：【工序导航器-程序顺序】中，复制"PLANAR_PROFILE"程序，在程序列表中最后一个程序上右击，选择"粘贴"，建立一个新的程序。 Step2：双击该程序，弹出【平面轮廓铣】对话框，重新选择要切削的平面作为"指定部件边界"。其他参数无须修改，单击【确认】。 Step3：生成刀具轨迹并确认，结果如图121所示	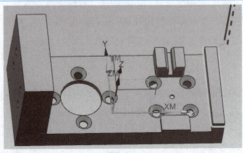 图121

请同学们根据任务实施计划书，结合以上操作步骤以及小组针对任务实施的结果，完成工序一的程序编制，并将完成任务过程中出现的问题、解决办法以及心得体会记录在表7.6中。

表7.6 实施过程记录表

任务名称	
实施过程中出现的问题	
解决办法	
心得体会	

五、任务评价

任务评价表如表7.7所示。

表7.7 任务评价表

序号	评价内容与标准	配分	自我评价	组员互评	教师评价	综合评价
1	学习准备，进行任务分析，查阅资料	10分				
2	合理使用图层	10分				
3	合理使用坐标系	10分				
4	按工艺文件要求正确创建刀具	10分				
5	按工艺文件要求正确创建几何体	10分				
6	按工艺文件要求合理创建工序	10分				
7	按工艺文件要求合理配置工艺参数	10分				
8	参与讨论主动性	10分				
9	沟通协作	10分				
10	展示汇报	10分				

 以匠人之心，铸大国重器。

任务 7.3　工序二程序编制

一、任务要求

本任务要求完成如图 7.4 所示支架零件工序二程序编制，主要包括以下功能的使用：
(1) 创建几何体：坐标系、几何体。
(2) 创建工序：孔铣、底壁铣、定心钻、钻孔、平面铣。
(3) 创建程序：平面铣、孔加工、钻削。
(4) 创建方法：粗加工、精加工。

二、任务分析

本工序加工要求为：虎钳夹持，找正，铣掉底面夹持位，保证总厚度 38 mm，按工序二图纸要求精铣 2 处沉孔（锐边倒钝）。

翻转工件，用虎钳夹持。由于工件已加工成 L 形，刀具若直接作用在工件悬空部位，由于零件刚性变差，将不能保证加工精度，故需下垫垫块以支撑工件。由于该零件为批量生产，为保证定位准确率和提高装夹效率，可设计专用夹具。

本工序加工坐标原点建立在工件下表面中心。本工序一次装夹可加工出零件下表面所有特征，需要用到面铣、轮廓铣、孔加工等多种加工方法。

三、任务计划

请同学们根据任务要求，结合任务分析讯息，制定一份关于任务实施的计划书，并将相关信息填写在表 7.8 中。

表 7.8　任务实施计划书

任务名称	
小组分工	
任务流程图	

续表

任务指令或资源信息	
注意事项	

四、任务实施

工序二程序编制如表 7.9 所示。

表 7.9 工序二程序编制

操作内容及说明	图示
1. 移动模型 Step1：新建工序二文件夹，将工序一模型带刀路复制粘贴到该文件夹。 Step2：打开模型，切换到【建模】模块，单击【菜单】→【编辑】→【移动对象】，绘图区选择零件模型作为对象，"变换"方式中"运动"选择"距离"，"指定矢量"选择"-ZC轴"，距离输入 5 mm。【结果】中选择"移动原先的"，单击【确定】。 Step3：继续使用【移动对象】命令，"运动"选择"角度"，"指定矢量"选择"X 轴"，角度输入 180°，"结果"中选择"移动原先的"，如图 1 所示，单击【确定】。使坐标系位于零件模型底面中心。 Step4：【视图】选项卡中单击 【更多】，选择 【复制至图层】命令，弹出【类选择】对话框，绘图区选择模型，单击【确定】，弹出【图层移动】对话框，"目标图层或类别"中输入 62，单击【确定】，将模型复制到第 62 层，如图 2 所示	 图 1 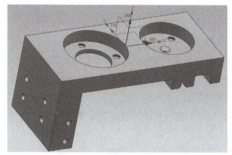 图 2

操作内容及说明	图示
2. 创建毛坯模型 Step1：将图层 62 设置为工作图层，其他图层设为不可见。【应用模块】中选择【建模】环境，【主页】选项卡中单击 删除面，选中两个圆形型腔的侧壁，如图 3 所示，单击【确定】。 Step2：在平面上新建草图。选择 【偏置曲线】命令，选择该平面的四条边，向外偏置距离 1 mm，完成草图并向上拉伸 5 mm，并与零件模型求和，新的模型作为毛坯，如图 4 所示。 • 打样时，可以先将 5 mm 的毛坯余量切除之后再建立坐标系	 图 3 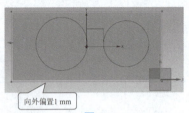 向外偏置1 mm 图 4
3. 修改几何体 Step1：【应用模块】中选择【加工】环境，打开【几何视图】，双击"WORKPIECE"，对工件进行定义。将图层 10 设置为工作图层，其他图层设为不可见。单击【指定部件】图标 ，绘图区选择本工序模型，如图 5 所示。 Step2：将图层 62 设置为工作图层，其他图层设为不可见。单击【指定毛坯】图标 ，弹出【毛坯几何体】对话框，"类型"选择"几何体"，绘图区选择该模型作为毛坯，如图 6 所示，单击【确定】。单击 可查看	 图 5  图 6
4. 粗铣上平面 Step1：将图层 10 设置为工作图层，打开【程序顺序视图】，按住 FLOOR_WALL 程序向上拖，将其置顶。 Step2：双击 FLOOR_WALL，弹出【底壁铣】对话框，单击【指定切削区底面】图标 ，选择要切削的工件表面为工件上平面。 Step3：刀具设置不变，刀轴设置改为"+ZM 轴"，也可以不改。 Step4：刀轨设置中调整切削模式选择" 往复"，"最大距离"为 66% 刀具，"底面毛坯厚度"为 5，"每刀切削深度"为 1，如图 7 所示。 Step5：【切削参数】中修改部件余量为 0.1，"最终底面余量"也必须改为 0.1，如图 8 所示。 Step6：按工艺要求修改【进给率和速度】参数，如图 9 所示。	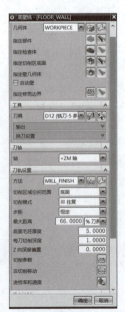 图 7  图 8 图 9

续表

操作内容及说明	图示
Step7：生成刀具轨迹并确认，结果如图10所示	 图10
5. 精铣上平面 Step1：复制刚刚生成的"FLOOR_WALL"程序，并在该程序上右击，选择"粘贴"，生成新的程序 ⊘ FLOOR_WALL_COPY。 Step2：双击该程序，弹出【底壁铣】对话框，"刀轨设置"中"最大距离"为80%刀具，"底面毛坯厚度"0.1，每刀切削深度0.1，其他参数不做修改，如图11所示。 Step3：【切削参数】中修改部件余量为0，"最终底面余量"也必须改为0，如图12所示。 Step4：按工艺要求修改【进给率和速度】参数，如图13所示。 Step5：生成刀具轨迹并确认，结果如图14所示	 图11 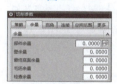 图12  图13 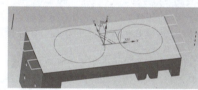 图14
6. 铣孔 Step1：按住 ⊘ HOLE_MILLING 程序向上拖，将其放置在两个平面加工程序的下面。 Step2：双击 ⊘ HOLE_MILLING，弹出【孔铣】对话框，单击【指定特征几何体】图标 ⊛，选择两个型腔作为切削区域，如图15所示。 Step3：【切削模式】选择"🌀螺旋/平面螺旋"，螺旋直径输入20 mm，如图16所示。 Step4：轴向"每转深度"选择"距离"，"螺距"输入1 mm，定义刀具沿轴向进刀的螺旋值。"轴向步距"选择"多重变量"，打开下面的"列表"。输入刀路数1，距离3 mm。单击 ✚【新建】，距离改为2 mm，此时在列表中可见两个刀路，如图17所示。同样的方法再生成一个距离为2 mm的刀路，如图18所示。 Step5：其他选项不用修改。 Step6：生成刀具轨迹并确认，结果如图19所示	 图15 图17 图18 图16　 图19

学习情境7　零件铣削工艺及程序编制　183

续表

操作内容及说明	图示
7. 打中心孔 Step1：按住 ⊘ SPOT_DRILLING 程序向上拖，将其放置在已修改好的加工程序的下面。 Step2：双击 ⊘ SPOT_DRILLING，弹出【定心钻】对话框，单击 【指定孔】图标，弹出【点到点几何体】对话框，单击 选择 ，单击"是"，绘图区只选择要钻的埋头孔，单击【确定】，回到【点到点几何体】对话框，单击 规划完成 或者【确定】。 Step3：其他参数不用修改，生成刀具轨迹并确认，如图20所示。	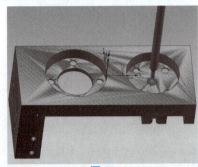 图 20
8. 钻底孔 Step1：按住 ⊘ DRILLING 程序向上拖，将其放置在已修改好的加工程序的下面。 Step2：双击 ⊘ DRILLING，弹出【钻孔】对话框（图21），单击【指定孔】图标 ，弹出【点到点几何体】对话框，单击 选择 ，单击"是"，绘图区选择 ϕ2 mm 的底孔，单击【确定】，回到【点到点几何体】对话框，单击 规划完成 。 Step3：单击刀具参数设置中的【编辑/显示】图标 ，弹出【钻刀】参数设置对话框（图22），将刀具直径修改为"2"，并赋予刀具号和补偿寄存器号。为避免信息错误，可以在机床视图中对该刀具进行重命名。 Step4：其他参数不用修改，生成刀具轨迹并确认，结果如图23所示。可单击【重播】，单击生成的刀路，观察刀具位置情况，确认无误后单击【确定】。	  图 21　　　图 22  图 23
9. 钻沉头孔 Step1：按住 ⊘ DRILLING_COPY 程序向上拖，将其放置在已修改好的加工程序的下面。 Step2：双击 ⊘ DRILLING_COPY，弹出【钻孔】对话框，单击【指定孔】图标 ，弹出【点到点几何体】对话框，单击 选择 ，单击"是"，绘图区选择 ϕ5 mm 的埋头孔，单击【确定】，回到【点到点几何体】对话框，单击【确定】。 Step3：单击【循环】右边的【编辑参数】图标 ，单击【确定】，弹出【Cycle 参数】对话框，单击 Depth (Tip)，弹出的对话框中选择 刀尖深度 ，深度文本框中输入"2.5"并回车，单击【确定】。 Step4：其他参数不变，生成刀具轨迹并确认，结果如图24所示。	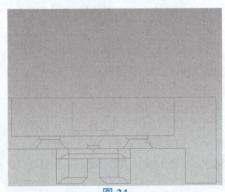 图 24

184　　CAD/CAM 技术应用实例

续表

操作内容及说明	图示
10. 锐角倒钝 Step1：按住 PLANAR_PROFILE 程序向上拖，将其放置在已修改好的加工程序的下面。 Step2：双击 PLANAR_PROFILE，弹出【平面轮廓铣】对话框，如图 25 所示。单击【指定部件边界】图标，弹出【部件边界】对话框，边界选择方法选择"曲线"，选择上表面的四个边界，如图 26 所示，"刀具侧"选"外侧"，"平面"选"自动"。 选择曲线边界时，将曲线规则改成"单条曲线"。 Step3：单击【指定底面】图标，弹出【平面】对话框，"类型"选择"按某一距离"，选择最高的表面，偏置距离文本框中输入 1，方向向下，单击【确定】。 Step4：其他参数不变，生成刀具轨迹并确认，结果如图 27 所示	 图 25  图 26 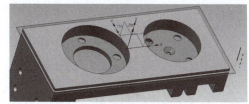 图 27
11. 锐角倒钝另一轮廓 Step1：复制"PLANAR_PROFILE"程序，在程序列表中最后一个程序上右击，选择"粘贴"，建立一个新的程序。 Step2：双击该程序，弹出【平面轮廓铣】对话框，单击【指定部件边界】图标，弹出【部件边界】对话框，边界选择方法选择"曲线"，选择一个型腔的外圆轮廓线作为边界，"刀具侧"选"内侧"，"平面"选"自动"。其他参数无须修改，单击【确认】。 Step3：生成刀具轨迹并确认，结果如图 28 所示。 Step4：同样的方法，生成另一个型腔去毛刺的刀路，如图 29 所示	 图 28 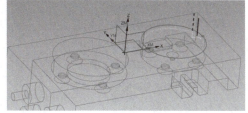 图 29
12. 后处理—生成 NC 程序 Step1：删除程序视图中其他不需要的程序，也可删除不需要的刀具。 Step2：选择后处理器，生成 NC 程序。	

请同学们根据任务实施计划书，结合以上操作步骤以及小组针对任务实施的结果，完成工序二的程序编制，并将完成任务过程中出现的问题、解决办法以及心得体会记录在表 7.10 中。

表 7.10　实施过程记录表

任务名称	
实施过程中出现的问题	
解决办法	
心得体会	

五、任务评价

任务评价表如表 7.11 所示。

表 7.11　任务评价表

序号	评价内容与标准	配分	自我评价	组员互评	教师评价	综合评价
1	学习准备，进行任务分析，查阅资料	10 分				
2	合理使用图层	10 分				
3	合理使用坐标系	10 分				
4	按工艺文件要求正确创建刀具	10 分				
5	按工艺文件要求正确创建几何体	10 分				
6	按工艺文件要求合理创建工序	10 分				
7	按工艺文件要求合理配置工艺参数	10 分				
8	参与讨论主动性	10 分				
9	沟通协作	10 分				
10	展示汇报	10 分				

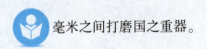

毫米之间打磨国之重器。

任务 7.4　支架工序三程序编制

一、任务要求

本任务要求完成如图 7.5 所示支架零件工序三程序编制，主要包括以下功能的使用：
（1）创建几何体：坐标系、几何体。
（2）创建工序：底壁铣、定心钻、钻孔、螺纹铣。
（3）创建程序：平面铣、孔加工、钻削。
（4）创建方法：粗加工、精加工。

二、任务分析

本工序加工要求为：虎钳夹持，按工序三图纸要求精铣台阶，并钻 2×ϕ2.5 mm（M3）深 7.5 mm 螺纹底孔（孔口倒角 C0.5 mm，锐边倒钝）。

工件绕 X 轴旋转 90°，用虎钳夹持。工序二所用夹具在本道工序中仍可以继续使用，以提高工件刚性。

本工序一次装夹可加工出该侧面所有特征。需要用到面铣、孔加工等加工方法。

三、任务计划

请同学们根据任务要求，结合任务分析讯息，制定一份关于任务实施的计划书，并将相关信息填写在表 7.12 中。

表 7.12　任务实施计划书

任务名称	
小组分工	
任务流程图	

续表

任务指令或资源信息	
注意事项	

四、任务实施

工序三程序编制如表 7.13 所示。

表 7.13　工序三程序编制

操作内容及说明	图示
1. 创建几何体 Step1：新建工序三文件夹，将工序二模型带刀路复制粘贴到该文件夹。 Step2：打开模型，将图层 62 设置为工作图层，其他图层设为不可见。切换到【建模】模块，删除为工序二拉伸的 5 mm 毛坯余量。利用主页中的  删除面 命令，将螺纹孔删除，得到本工序的毛坯模型，如图 1 所示。 此时可以将之前删除掉的型腔面撤销，也可以不管，因为在本工序中，该处不会加工。 Step3：将图层 10 设置为工作图层，其他图层设为不可见。将之前移动过的零件表面撤销，得到本工序的零件模型，如图 2 所示。 Step4：将图层 10、62 都设为可见，单击【菜单】→【编辑】→【移动对象】，绘图区选择零件模型和毛坯作为对象，"变换"方式中"运动"选择"距离"，"指定矢量"选择"XC 轴"，距离输入 43.3 mm。"结果"中选择"移动原先的"，如图 3 所示，单击【应用】。 注意【对象】的数量为"2"。	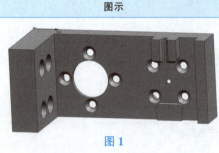 图 1 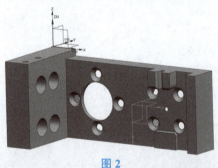 图 2 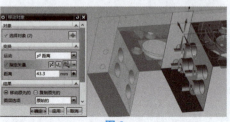 图 3

续表

操作内容及说明	图示
Step5：继续选择零件模型和毛坯作为对象，"变换"方式中"运动"选择"距离"，"指定矢量"选择"+Y轴"，距离输入19 mm，【结果】中选择"移动原先的"，如图4所示，单击【应用】。 Step6：继续选择零件模型和毛坯作为对象，"变换"方式中"运动"选择"角度"，"指定矢量"选择"X轴"，"指定轴点"选择坐标原点，角度输入-90°，"结果"中选择"移动原先的"，如图5所示，单击【确定】。 使坐标系位于模型左上角。	 图4 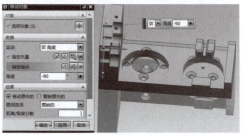 图5
Step7：【应用模块】中选择【加工】环境，打开【几何视图】，双击"WORKPIECE"，对工件进行定义。将图层10设置为工作图层，其他图层设为不可见。单击【指定部件】图标⬢，绘图区选择本工序模型。 Step8：将图层62设置为工作图层，其他图层设为不可见。单击【指定毛坯】图标⬢，弹出毛坯几何体对话框，"类型"选择"几何体"，绘图区选择该模型作为毛坯，如图6所示，单击【确定】。	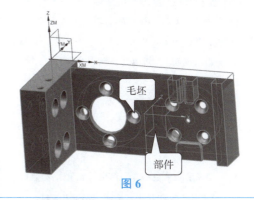 图6
4. 粗铣平面 Step1：将图层10设置为工作图层，打开【程序顺序视图】，双击 FLOOR WALL，弹出【底壁铣】对话框，单击【指定切削区域底面】图标⬢，选择要切削的工件表面为工件上平面。 Step2：刀具设置不变，刀轴设置改为"+ZM轴"，也可以不改。 Step3：刀轨设置中调整【底面毛坯厚度】为3，每刀切削深度1，如图7所示。 Step4：其他参数不变，生成刀具轨迹并确认，如图8所示	底面毛坯厚度　3.0000 每刀切削深度　1.0000 图7 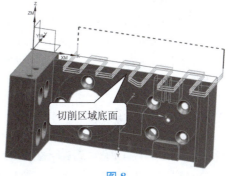 图8

学习情境7 零件铣削工艺及程序编制　189

续表

操作内容及说明	图示
5. 精铣上平面 Step1：双击 FLOOR_WALL_COPY 程序，弹出【底壁铣】对话框，单击【指定切削区域底面】图标，选择要切削的工件表面为工件上平面。 Step2：刀轨设置中单击【非切削移动】图标，弹出【非切削移动】对话框，单击【退刀】选项卡，将退刀类型改为"圆弧"，半径改为"2 mm"，其他参数默认，如图9所示。 Step3：其他参数不变，生成刀具轨迹并确认，如图10所示	 图9  图10
6. 打中心孔 Step1：双击 SPOT_DRILLING，弹出【定心钻】对话框，单击【指定孔】图标，弹出【点到点几何体】对话框，单击 选择，单击"是"，绘图区选择 M3 螺纹孔，单击【确定】，回到【点到点几何体】对话框，单击 规划完成 或者【确定】。 Step2：其他参数不用修改，生成刀具轨迹并确认，如图11所示	图11
7. 钻底孔 Step1：双击 DRILLING，弹出【钻孔】对话框（图12），单击【指定孔】图标，弹出【点到点几何体】对话框，单击 选择，单击"是"，绘图区选择 M3 的底孔，单击【确定】，回到【点到点几何体】对话框，单击 规划完成。 Step2：单击刀具参数设置中的【编辑/显示】图标，弹出【钻刀】参数设置对话框，将刀具直径修改为"2.5"，并赋予刀具号和补偿寄存器号，如图13所示。为避免信息错误，可以在机床视图中对该刀具进行重命名。 Step3：单击【循环】右边的【编辑参数】图标，单击【确定】，弹出【Cycle 参数】对话框，单击 Depth (Tip)，弹出的对话框中选择 刀肩深度，深度文本框中输入7并回车，如图14所示，单击【确定】	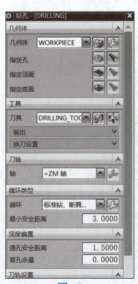 图12  图13 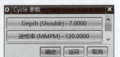 图14

续表

操作内容及说明	图示
Step4：其他参数不用修改，生成刀具轨迹并确认，如图15所示。可单击"重播"，单击生成的刀路，观察刀具位置情况，确认无误后单击【确定】	 图15
8. 钻沉头孔 Step1：双击 ◊↕ DRILLING_COPY，弹出【钻孔】对话框，单击【指定孔】图标 ◊，弹出【点到点几何体】对话框，单击 选择，单击"是"，绘图区选择M3的埋头孔，单击【确定】，回到【点到点几何体】对话框，单击【确定】。 Step2：单击【循环】右边的【编辑参数】图标 ⚙，单击【确定】，弹出【Cycle参数】对话框，单击 Depth (Tip)，弹出的对话框中选择 刀肩深度，深度文本框中输入"1.5"并回车，单击【确定】。 Step3：其他参数不变，生成刀具轨迹并确认，如图16所示	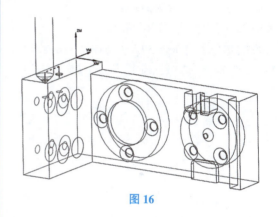 图16
9. 攻丝 Step1：创建刀具，【类型】选择"holl_making"，"刀具子类型"选择"THREAD_MILL"，如图17所示，单击【确定】，弹出【螺纹铣刀】参数设置对话框，可对铣刀进行设置，如图18所示。 Step2：创建工序，【类型】选择"hole_making"，"工序子类型"选择 ⫿【螺纹铣】，"程序"选择"NC_PROGRAM"，刀具选择"THREAD_MILL"，"几何体"选择"WORKPIECE"，"方法"选择"MILL_FINISH"，名称可以自定义，如图19所示，单击【确定】，弹出【螺纹铣】对话框，如图20所示	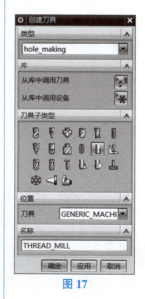  图17　　　　　　　图18

续表

操作内容及说明	图示
Step3：单击【指定特征几何体】图标，弹出【特征几何体】对话框，"过程工件"选择"无"，"加工区域"选择"FACES_CYLINDER_1"，如图 21 所示，选择两个螺纹孔作为特征对象，如图 22 所示，此时在列表中可见两项，其他公共参数选择默认。 Step4：按住 Ctrl，选中列表中的两项，单击螺纹尺寸大径右边的【从几何体】图标，该图标会显示为开锁状态【用户定义】，输入 3。同样将小径改为 2.5，长度改为 6，单击【确定】，回到【螺纹铣】对话框。 Step5：将螺旋刀路改为 1。 Step6：单击【切削参数】图标，弹出【切削参数】对话框。单击【策略】选项卡，展开"切削"选项，将切削方向改为"逆铣"，如图 23 所示。 ※逆铣进刀点在孔的顶端，顺铣则在孔底，很显然，从孔底进刀是不合理的。 Step7：展开【延伸路径】选项，将顶偏置方式改为"距离"，输入数值 1，单击【确定】，回到【螺纹铣】对话框。 Step8：定义【进给率和速度】参数，定义主轴转速 4 000 r/min，切削进给率 500 mm/min，移刀速度 6 000 mm/min。 Step9：其他参数默认，生成刀具轨迹并确认，如图 24 所示	 图 19  图 20　　　图 21  图 22 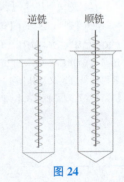 图 23　　　图 24

续表

操作内容及说明	图示
9. 后处理-生成 NC 程序 Step1：删除程序视图中其他不需要的程序，也可删除不需要的刀具。 Step2：选择后处理器，生成 NC 程序	

请同学们根据任务实施计划书，结合以上操作步骤以及小组针对任务实施的结果，完成工序三的程序编制，并将完成任务过程中出现的问题、解决办法以及心得体会记录在表 7.14 中。

表 7.14 实施过程记录表

任务名称	
实施过程中出现的问题	
解决办法	
心得体会	

五、任务评价

任务评价表如表 7.15 所示。

表 7.15　任务评价表

序号	评价内容与标准	配分	自我评价	组员互评	教师评价	综合评价
1	学习准备，进行任务分析，查阅资料	10 分				
2	合理使用图层	10 分				
3	合理使用坐标系	10 分				
4	按工艺文件要求正确创建刀具	10 分				
5	按工艺文件要求正确创建几何体	10 分				
6	按工艺文件要求合理创建工序	10 分				
7	按工艺文件要求合理配置工艺参数	10 分				
8	参与讨论主动性	10 分				
9	沟通协作	10 分				
10	展示汇报	10 分				

　大国工匠丨精益求精的数控铣工。

任务 7.5　支架工序四、工序五程序编制

一、任务要求

本任务要求完成如图 7.6 所示支架零件工序四程序编制，主要包括以下功能的使用：
(1) 创建几何体：坐标系、几何体。
(2) 创建工序：孔铣、型腔铣、钻中心孔、钻孔。
(3) 创建程序：孔加工、轮廓铣、孔加工。
(4) 创建方法：粗加工、精加工。
(5) 创建几何体：坐标系、几何体。

二、任务分析

(1) 工序四加工要求为：虎钳夹持，按工序四图纸尺寸要求，铣 4×ϕ8 mm 深 6 mm 沉孔（锐边倒钝）。

工件绕 Y 轴旋转 90°，用虎钳夹持。

本工序一次装夹可加工出该侧面所有特征，需要用到孔加工等加工方法。

(2) 工序五加工要求为：虎钳夹持，按图 7.7 所示图纸尺寸要求精铣台阶，钻 4×ϕ3.2 mm 孔。

工件翻转，用虎钳夹持。工序二所用夹具在本道工序中仍可继续使用，以提高工件刚性。

本工序一次装夹可加工出该侧面所有特征。需要用到面铣、孔加工等加工方法。

三、任务计划

请同学们根据任务要求，结合任务分析讯息，制定一份关于任务实施的计划书，并将相关信息填写在表 7.16 中。

表 7.16　任务实施计划书

任务名称	
小组分工	
任务流程图	

续表

任务指令或资源信息	
注意事项	

四、任务实施

工序四程序编制如表 7.17 所示。

表 7.17 工序四程序编制

操作内容及说明	图示
1. 创建几何体 Step1：新建工序四文件夹，将工序三模型带刀路复制粘贴到该文件夹。 Step2：打开模型，将图层 62 设置为工作图层，其他图层设为不可见。切换到【建模】模块，删除为工序三预留的 3 mm 侧边毛坯余量，也可以不修改，因为侧面的材料余量对本工序中的孔加工没有影响。利用  命令，将四个沉头孔删除，得到本工序的毛坯模型，如图 1 所示。 Step3：将图层 10、62 都设为可见，单击【菜单】→【编辑】→【移动对象】，绘图区选择零件模型和毛坯作为对象，"变换"方式中"运动"选择"角度"，"指定矢量"选择"YC 轴"，"指定轴点"选择坐标原点，角度输入 -90°，"结果"中选择"移动原先的"，如图 2 所示，单击【应用】。 Step4：继续选择零件模型和毛坯作为对象，"变换"方式中"运动"选择"距离"，"指定矢量"选择"-YC 轴"，距离输入 38 mm。"结果"中选择"移动原先的"，单击【确定】。使坐标系位于模型左下角，如图 3 所示。 Step5：【应用模块】中选择【加工】环境，打开【几何视图】，双击"WORKPIECE"，对工件进行定义。将图层 10 设置为工作图层，其他图层设为不可见。单击【指定部件】图标 ，绘图区选择本工序模型，如图 4 所示。	图 1  图 2　　图 3 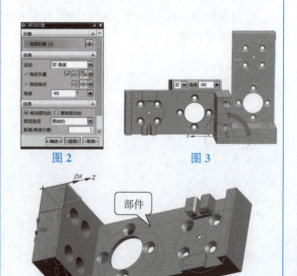 图 4

续表

操作内容及说明	图示
Step6：将图层62设置为工作图层，其他图层设为不可见。单击【指定毛坯】图标，弹出【毛坯几何体】对话框，"类型"选择"几何体"，绘图区选择该模型作为毛坯，如图5所示，单击【确定】	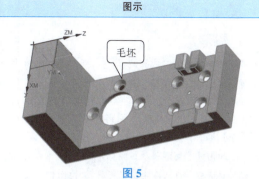 图5
2. 创建刀具 打开【机床视图】，双击"D8"刀具，弹出【铣刀-5参数】对话框，修改刀具直径为"6"，长度为"85"，或根据实际使用刀具长度修改。修改刀具号、补偿寄存器号和刀具补偿寄存器号，并修改刀具名称为"D6"，如图6所示，单击【确定】	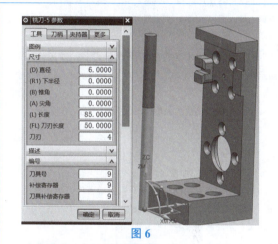 图6
3. 铣孔-创建孔铣工序 Step1：单击【创建工序】，弹出【创建工序】对话框。"类型"选择"hole_making"，"工序子类型"选择【孔铣】，"程序"选择"NC_PROGRAM"，刀具选择"D6"，"几何体"选择"WORKPIECE"，"方法"选择"MILL_FINISH"，名称可以自定义，单击【确定】，弹出【孔铣】对话框，如图7所示。 Step2：单击【指定特征几何体】图标，绘图区选择4个沉孔，如图8所示，其他参数默认，单击【确定】。 Step3：切削模式选择"螺旋"，离起始直径的偏置距离为0，轴向"每转深度"选择"距离"，"螺距"输入1mm，"轴向步距"选择"刀路数"，数值为1。 Step4："径向步距"选择"恒定"，"最大距离"输入50%刀具	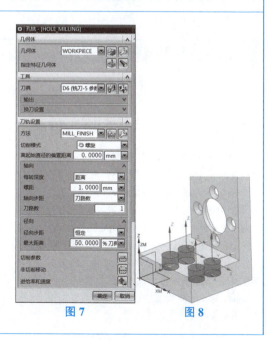 图7　　　　图8

学习情境7　零件铣削工艺及程序编制　　197

续表

操作内容及说明	图示
Step5：单击【切削参数】图标，弹出【切削参数】对话框。单击【策略】选项卡，展开"延伸路径"选项，将顶偏置方式改为"距离"，输入数值1，其他参数默认，单击【确定】，回到【孔铣】对话框。在【余量】选项卡中定义公差为0.01，其他选项默认。 Step6：单击【非切削移动】图标，弹出【非切削移动】对话框，对话框中选择【转移/快速】选项卡，安全设置选项选择"平面"，指定沉孔上表面，文本框中输入距离5 mm，其他选项默认，如图9所示。 Step7：定义【进给率和速度】参数，如图10所示。 Step8：生成刀具轨迹并确认，如图11所示。	 图9 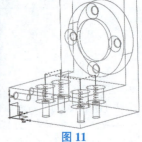 图10　　图11
4. 后处理—生成NC程序 Step1：删除程序视图中其他不需要的程序，也可删除不需要的刀具。 Step2：选择后处理器，生成NC程序	

表 7.18　工序五程序编制

操作内容及说明	图示
1. 创建几何体 Step1：新建工序五文件夹，将工序三模型带刀路复制粘贴到该文件夹。 Step2：打开模型，将图层62设置为工作图层，其他图层设为不可见。切换到【建模】模块，删除为工序三预留的3 mm侧边毛坯余量和两个螺纹孔的余量，得到本工序的毛坯模型，如图1所示。也可以不修改，因为侧面的材料余量对本工序中的孔加工没有影响。 Step3：将图层10设置为工作图层，其他图层设为不可见。将之前移动过的零件表面撤销，得到本工序的零件模型，即零件最终模型，如图2所示。 Step4：移动零件模型和毛坯，将加工坐标建立在模型左下角或夹具的左上角	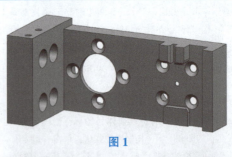 图1 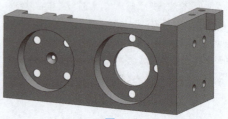 图2

续表

操作内容及说明	图示
Step5：【应用模块】中选择【加工】环境，打开【几何视图】，双击"WORKPIECE"，对工件进行定义。将图层 10 设置为工作图层，其他图层设为不可见。单击【指定部件】图标，绘图区选择本工序模型。 Step6：将图层 62 设置为工作图层，其他图层设为不可见。单击【指定毛坯】图标，弹出【毛坯几何体】对话框，"类型"选择"几何体"，绘图区选择该模型作为毛坯，如图 3 所示，单击【确定】。	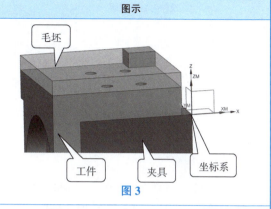 图 3
2. 创建刀具 机床视图中双击 DRILLING_TOOL2.5，弹出【钻刀】对话框，将刀具直径修改为 3.2，并赋予刀具号和补偿寄存器号。为避免信息错误，可以在机床视图中对该刀具进行重命名 DRILLING_TOOL3.2，创建的刀具如图 4 所示。	 图 4
3. 粗铣平面 Step1：【主页】选项卡中单击【创建工序】，弹出【创建工序】对话框。"类型"选择"mill_contour"，"工序子类型"选择【型腔铣】，"程序"选择"NC_PROGRAM"，刀具选择"D12"，"几何体"选择"WORKPIECE"，"方法"选择"MILL_ROUGH"，名称可以自定义，单击【确定】，弹出【型腔铣】对话框。 Step2：单击【指定切削区域】图标，选择要切削的工件表面，如图 5 所示。 Step3："切削模式"选择"弓 往复"，"步距"选择"%刀具平直"，"平面直径百分比"输入 50，"公共每刀切削深度"选择"恒定"，"最大距离"输入 1 mm，如图 6 所示。 Step4：单击【切削层】图标，弹出【切削层设置】对话框，无须修改参数，单击【确定】。 Step5：单击【切削参数】图标，弹出【切削参数】设置对话框，设置【策略】和【余量】选项卡参数，如图 7 和图 8 所示，单击【确定】。 Step6：单击【非切削移动】图标，弹出【非切削移动】参数设置对话框。设置【进刀】【退刀】【转移/快速】的参数，如图 9~图 11 所示，单击【确定】。	 图 5　　图 6 图 7　　图 8  图 9　　图 10

学习情境 7　零件铣削工艺及程序编制　199

续表

操作内容及说明	图示
Step7：单击【进给率和速度】图标，弹出【进给率和速度】参数设置对话框。设置主轴转速为 5 000，切削进给率为 2 500，单击【确定】。 Step8：生成刀路并确认，如图 12 所示	 图 11 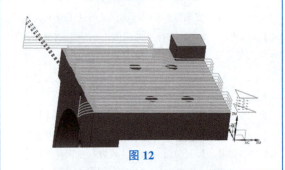 图 12
4. 精铣平面 Step1：复制程序 CAVITY_MILL 并粘贴，生成 CAVITY_MILL_COPY，双击该程序，弹出【型腔铣】对话框，刀轨设置中方法选择"MILL_FINISH"，切削模式选择 跟随部件，公共每刀切削深度为"恒定"，最大距离输入 4.2 mm，如图 13 所示。 Step2：单击【切削参数】图标，弹出【切削参数】对话框，【策略】选项卡中将切削方向改为"顺铣"，余量改为 0，其他参数采用默认，单击【确定】。 Step3：定义【进给率和速度】参数。 Step4：生成刀具轨迹并确认，如图 14 所示。 Step5：将程序视图中的程序进行重新排序	 图 13 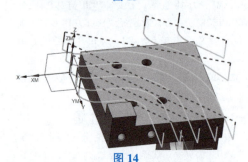 图 14
5. 打中心孔 Step1：双击 SPOT_DRILLING，弹出【定心钻】对话框，单击【指定孔】图标，弹出【点到点几何体】对话框，单击 选择，单击"是"，绘图区选择 4 个 φ3.2 mm 的孔，单击【确定】，回到【点到点几何体】对话框，单击 优化，弹出的对话框中选择 最短刀轨，单击 优化，单击 接受，单击【确定】。 Step2：其他参数不用修改，生成刀具轨迹并确认，如图 15 所示	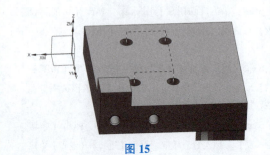 图 15

续表

<table>
<tr><th>操作内容及说明</th><th>图示</th></tr>
<tr><td>6. 钻孔
Step1：双击 DRILLING，弹出【钻孔】对话框，单击【指定孔】图标，弹出【点到点几何体】对话框，单击选择，单击“是”，绘图区选择 4 个 $\phi3.2$ mm 的孔，单击【确定】，回到【点到点几何体】对话框，单击优化，弹出的对话框中选择最短刀轨，单击优化，单击接受，如图 16 所示，单击【确定】。
Step2：单击【循环】右边的【编辑参数】图标，单击【确定】，弹出【Cycle 参数】对话框，单击 Depth (Shouldr)，弹出的对话框中选择刀肩深度，深度文本框中输入 2.5 并回车，单击【确定】。
Step3：其他参数不用修改，生成刀具轨迹并确认，如图 17 所示</td><td>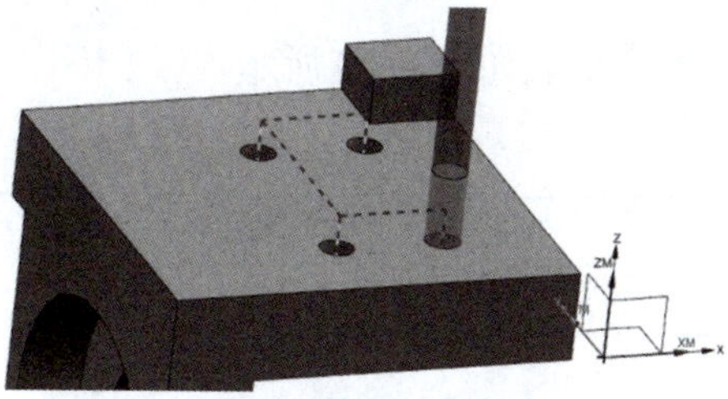
图 16
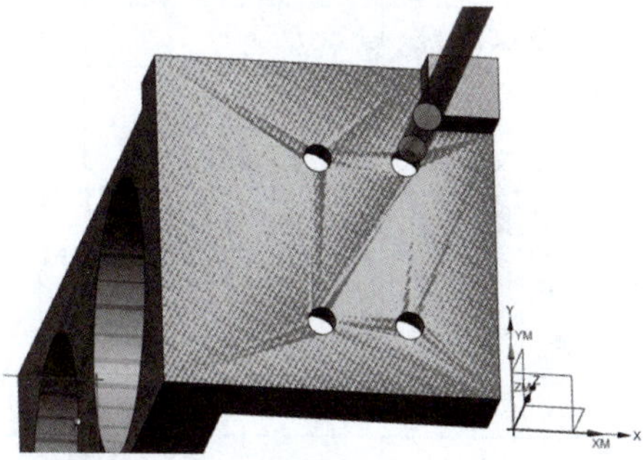
图 17</td></tr>
<tr><td>7. 后处理-生成 NC 程序
Step1：删除程序视图中其他不需要的程序，也可删除不需要的刀具。
Step2：选择后处理器，生成 NC 程序，如图 18 所示</td><td>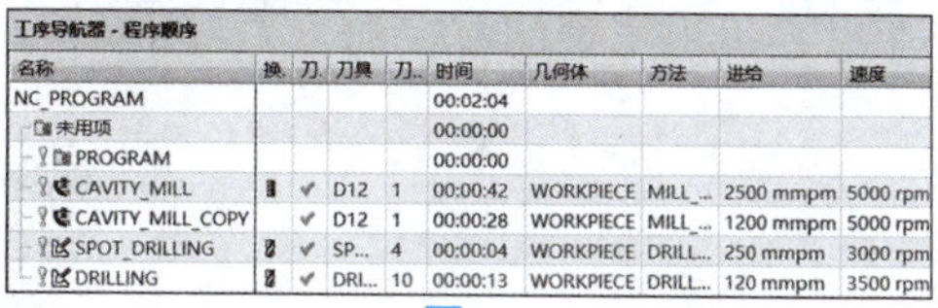
工序导航器 - 程序顺序<table><tr><th>名称</th><th>换.</th><th>刀.</th><th>刀具</th><th>刀..</th><th>时间</th><th>几何体</th><th>方法</th><th>进给</th><th>速度</th></tr><tr><td>NC_PROGRAM</td><td></td><td></td><td></td><td></td><td>00:02:04</td><td></td><td></td><td></td><td></td></tr><tr><td>未用项</td><td></td><td></td><td></td><td></td><td>00:00:00</td><td></td><td></td><td></td><td></td></tr><tr><td>PROGRAM</td><td></td><td></td><td></td><td></td><td>00:00:00</td><td></td><td></td><td></td><td></td></tr><tr><td>CAVITY_MILL</td><td></td><td>✔</td><td>D12</td><td>1</td><td>00:00:42</td><td>WORKPIECE</td><td>MILL_...</td><td>2500 mmpm</td><td>5000 rpm</td></tr><tr><td>CAVITY_MILL_COPY</td><td></td><td>✔</td><td>D12</td><td>1</td><td>00:00:28</td><td>WORKPIECE</td><td>MILL_...</td><td>1200 mmpm</td><td>5000 rpm</td></tr><tr><td>SPOT_DRILLING</td><td></td><td>✔</td><td>SP...</td><td>4</td><td>00:00:04</td><td>WORKPIECE</td><td>DRILL...</td><td>250 mmpm</td><td>3000 rpm</td></tr><tr><td>DRILLING</td><td></td><td>✔</td><td>DRI...</td><td>10</td><td>00:00:13</td><td>WORKPIECE</td><td>DRILL...</td><td>120 mmpm</td><td>3500 rpm</td></tr></table>图 18</td></tr>
</table>

请同学们根据任务实施计划书，结合以上操作步骤以及小组针对任务实施的结果，完成工序四的程序编制，并将完成任务过程中出现的问题、解决办法以及心得体会记录在表 7.19 中。

表 7.19 实施过程记录表

任务名称	
实施过程中出现的问题	
解决办法	
心得体会	

五、任务评价

任务评价表如表 7.20 所示。

表 7.20　任务评价表

序号	评价内容与标准	配分	自我评价	组员互评	教师评价	综合评价
1	学习准备，进行任务分析，查阅资料	10 分				
2	合理使用图层	10 分				
3	合理使用坐标系	10 分				
4	按工艺文件要求正确创建刀具	10 分				
5	按工艺文件要求正确创建几何体	10 分				
6	按工艺文件要求合理创建工序	10 分				
7	按工艺文件要求合理配置工艺参数	10 分				
8	参与讨论主动性	10 分				
9	沟通协作	10 分				
10	展示汇报	10 分				

 追求完美的数控加工"艺术家"。

附 录

1. UG NX 12.0 基本设置命令

序号	命令	图标	功能含义
1	新建		创建一个新文件，快捷键为 Ctrl+N
2	打开		打开现有文件，快捷键为 Ctrl+O
3	保存		保存工作部件或任何已修改的组件，快捷键为 Ctrl+S
4	另存为		用其他名称保存此工作部件，快捷键为 Ctrl+Shift+A
5	导入		将各类文件或模型导入工作部件或新部件中
6	导出		将选定对象导出为各类文件或 UG 各种版本
7	撤销		撤销上次操作，快捷键为 Ctrl+Z
8	重做		重新执行上一个撤销的操作，快捷键为 Ctrl+Y
9	复制特征	复制特征(Y)	复制一个特征，以便它可以在同一个部件内粘贴或粘贴到另一个部件中，复制对象快捷键为 Ctrl+C，粘贴对象快捷键为 Ctrl+V
10	删除		删除对象
11	隐藏		使选定对象在显示区不可见，快捷键为 Ctrl+B
12	显示		使选定对象在显示区可见，快捷键为 Ctrl+Shift+K
13	全部显示		显示可选图层上的所有对象，快捷键为 Ctrl+Shift+U
14	变换		缩放、镜像、拟合对象，或者创建对象的阵列或者副本
15	移动对象		移动或旋转选定的对象，快捷键为 Ctrl+T
16	曲线	曲线(V)	编辑曲线控制点或对曲线进行修剪、延伸或分割等
17	刷新		重画图形窗口中的所有视图，以擦除临时显示的对象
18	适合窗口		调整工作视图的中心和比例以显示所有对象，快捷键为 Ctrl+F

续表

序号	命令	图标	功能含义
19	缩放		放大或缩小工作视图,其快捷键为 Ctrl+Shift+Z
20	平移		执行该按钮功能时通过按左键(MB1)并拖动鼠标可平移视图
21	旋转		用鼠标围绕特定的轴旋转视图,或将其旋转至特定的视图方向,其快捷键为 Ctrl+R
22	定向		将工作视图定向到指定的坐标系
23	设置视图至 WCS		将工作视图定向到 WCS 的 XC-YC 平面
24	透视		将工作视图从平行投影更改为透视投影
25	镜像显示		创建对称模型一半的镜像,方法是跨某个平面进行镜像
26	设置镜像平面		重新定义用于"镜像显示"选项的镜像平面
27	带边着色		用光顺着色和打光渲染工作视图中的面并显示面的边
28	着色		用光顺着色和打光渲染工作视图中的面(不显示面的边)
29	带有淡化边的线框		对不可见的边缘线用淡化的浅色细实线来显示,其他可见的线(含轮廓线)则用相对粗的设定颜色的实线显示
30	带有隐藏边的线框		对不可见的边缘线进行隐藏,而可见的轮廓边以线框形式显示
31	静态线框		系统将显示当前图形对象的所有边缘线和轮廓线,而不管这些边线是否可见
32	艺术外观		根据指派的基本材料、纹理和光源实际渲染工作视图中的面,使得模型显示效果更接近于真实
33	面分析		用曲面分析数据渲染(工作视图中的)面分析曲面,即用不同的颜色、线条、图案等方式显示指定表面上各处的变形率、半径等情况
34	局部着色		用光顺着色和打光渲染(工作视图中的)局部着色面(可通过【编辑对象显示】对话框来设置局部着色面的颜色,并注意启用局部着色模型),而其他表面用线框形式显示
35	图层设置		设置工作图层、可见和不可见图层,并定义图层的类别名称
36	图层类别		创建命名的图层组
37	移动至图层		将对象从一个图层移动到另一个图层中
38	复制至图层		将对象从一个图层复制到另一个图层中
39	车加工横截面		创建剖切平面与实体模型的 2D 交叉截面线

2. 草图创建命令

序号	命令	图标	功能含义
1	轮廓		以线串模式创建一系列相连的直线或圆弧，上一条曲线的终点是下一条曲线的起点，快捷键 Z
2	矩形		用三种方法中的一种创建矩形，快捷键 R
3	直线		绘制单条直线，快捷键 L
4	圆弧		通过三点或通过指定其中心和端点创建圆弧，快捷键 A
5	圆		通过三点或通过指定其中心和直径创建圆，快捷键 O
6	点		创建草图点
7	艺术样条		通过拖放定义点或极点并在定义点指派斜率或曲率约束，动态创建和编辑样条，快捷键 S
8	多边形		通过指定中心、内切圆半径或外接圆半径绘制多边形，快捷键 P
9	椭圆		根据中心点和尺寸创建椭圆
10	二次曲线		创建通过指定点的二次曲线
11	倒斜角		对两条草图线之间的尖角进行倒斜角
12	圆角		在两条或三条曲线之间创建圆角，快捷键 F
13	快速修剪		以任一方向将草图修剪至最近的交点或选定的边界，快捷键 T
14	快速延伸		将曲线延伸至另一邻近曲线或选定的边界，快捷键 E
15	制作拐角		延伸或修剪曲线用于创建拐角
16	偏置曲线		偏置位于草图平面上的曲线链
17	阵列曲线		阵列位于草图平面上的曲线链
18	镜像曲线		创建位于草图平面上的曲线链的镜像图样
19	交点		在曲线和草图平面之间创建一个交点
20	相交曲线		在面和草图平面之间创建相交曲线
21	投影曲线		沿草图平面的法向将曲线、边或点（草图外部）投影到草图上
22	派生曲线		在两条平行直线中间创建一条与另一条直线平行的直线，或在两条不平行直线之间创建一条平分线

续表

序号	命令	图标	功能含义
23	现有曲线		将现有的共面曲线和点添加到草图中
24	几何约束		用户自己对存在的草图对象指定约束类型
25	设为对称		将两个点或曲线约束为相对于草图上的对称线对称
26	显示草图约束		显示施加到草图上的所有几何约束
27	自动约束		自动添加选定的约束
28	自动尺寸		根据设置的规则在曲线上自动创建尺寸
29	转换至/自参考对象		将草图曲线或草图尺寸从活动转换为参考,或者反过来,下游命令不使用参考曲线,并且参考尺寸不控制草图几何体
30	自动判断约束和尺寸		控制哪些约束或尺寸在曲线构造过程中被自动判断
31	创建自动判断约束		在曲线构造过程中启用自动判断约束
32	连续自动标注尺寸		在曲线构造过程中启用自动标注尺寸
33	重合		约束两个或多个顶点或点,使之重合
34	点在曲线上		将顶点或点约束到曲线上或曲线的延长线上
35	相切		约束两条选定的曲线,使之相切
36	平行		约束两条或多条曲线,使之平行
37	垂直		约束两条曲线,使之垂直
38	水平		使选择的单条或多条直线平行于草图的 X 轴
39	竖直		使选择的单条或多条直线平行于草图的 Y 轴
40	水平对齐		约束两个或多个外顶点或点,使之水平对齐
41	竖直对齐		约束两个或多个外顶点或点,使之竖直对齐
42	中点		将顶点或点约束为与线或圆弧的中点对齐
43	共线		约束两条或多条线,使之共线
44	同心		约束两条或多条曲线,使之同心

续表

序号	命令	图标	功能含义
45	等长	=	约束两条或多条线，使之等长
46	等半径	≈	约束两个或多个圆或圆弧，使之具有相同的半径
47	固定		约束一个或多个曲线或顶点，使之固定
48	完全固定		约束一个或多个曲线或顶点，使之完全固定
49	快速尺寸		通过基于选定的对象和光标的位置自动判断尺寸类型来创建尺寸约束，快捷键 D
50	线性尺寸		在两个对象或点之间创建线性距离约束
51	径向尺寸		创建圆形对象的半径或直径约束
52	角度尺寸		在两条不平行的直线之间创建角度约束
53	周长尺寸		创建周长约束以控制选定直线和圆弧的集体长度

3. 特征创建命令

序号	命令	图标	功能含义
1	拉伸		延矢量拉伸一个截面以创建特征，快捷键 X
2	旋转		通过绕轴旋转截面来创建特征
3	长方体		通过定义拐角位置和尺寸来创建长方体
4	圆柱		通过定义轴位置和尺寸来创建圆柱体
5	圆锥		通过定义轴位置和尺寸来创建圆锥体
6	球		通过定义中心位置和尺寸来创建球体
7	孔		添加一个孔到部件或装配的一个或多个实体上，选项可为沉头孔、埋头孔和螺纹孔
8	凸台		在实体的平面上添加一个圆柱形凸台
9	腔		从实体除料，或用沿矢量对截面进行投影生成的面来修改片体
10	垫块		从实体填料，或用沿矢量对截面进行投影生成的面来修改片体
11	凸起		用沿矢量投影截面形成的面修改体，可以选择端盖位置或形状

续表

序号	命令	图标	功能含义
12	键槽		在实体上创建键槽
13	槽		在实体上创建退刀槽
14	筋板		在相交实体间创建筋板
15	三角形加强筋		在相交实体间创建三角形加强筋
16	螺纹		在实体圆柱面上添加符号螺纹或者详细螺纹
17	抽取几何特征		为同一部件中的点、线、面、体和基准创建关联副本，并为体创建关联镜像副本
18	阵列特征		将特征复制到许多阵列或布局中
19	阵列面		复制面并将它们添加至体
20	阵列几何特征		将几何体复制到许多阵列或布局中
21	镜像特征		复制特征并跨平面进行镜像
22	镜像面		复制面并跨平面进行镜像
23	镜像几何体		复制几何体并跨平面进行镜像
24	合并		将两个或多个实体合并为单个实体
25	减去		从一个实体中减去另一个实体的体积，留下一个空体
26	相交		创建一个体，它包含两个体的共同部分
27	缝合		通过将公共边缝合在一起来形成片体，或通过缝合公共面来形成组合实体
28	修剪体		剪去体的一部分
29	拆分体		将一个体分为多个体
30	修剪片体		剪去片体的一部分
31	延伸片体		按距离或与另一个体的交点延伸片体
32	修剪和延伸		修剪或延伸一组边或面与另一组边或面相交
33	分割面		将一个面分为多个体
34	抽壳		将实体抽成具有一定壁厚的空壳

续表

序号	命令	图标	功能含义
35	加厚		通过对一组面增加厚度来创建实体
36	缩放体		缩放实体或片体
37	边倒圆		对面之间的锐边进行倒圆，半径可以是常数或变量
38	倒斜角		对面之间的锐边进行倒斜角
39	拔模		通过修改相对于脱模方向的角度来修改面
40	面倒圆		在选定面组之间添加相切圆角面，圆角形状可以是圆形、二次曲线或者规律曲线
41	样式倒圆		倒圆曲面并将相切和曲率约束应用到圆角的相切曲线
42	美学面倒圆		在圆角的圆角切面处施加相切或曲率约束时倒圆曲面，圆角截面可以是圆形、锥形或切入类型
43	桥接		创建合并两个面的片体
44	倒圆拐角		创建一个补片以替换倒圆的拐角处的现有面部分，或替换部分交互圆角
45	样式拐角		在即将产生的三个弯曲面的相交处创建一个精确、美观的一流质量拐角
46	扫掠		通过沿一条或多条引导线扫掠截面来创建体，使用各种方法来控制沿着引导线的形状
47	沿引导线扫掠		通过沿引导线扫掠截面来创建体
48	管		通过沿曲线扫掠圆形截面来创建实体，可以选择外径和内径
49	变化扫掠		通过沿路径扫掠截面来创建体，横截面形状沿路径改变

4. 曲线曲面命令

序号	命令	图标	功能含义
1	直线		创建直线特征
2	圆弧/圆		创建圆弧和圆特征
3	直线和圆弧		通过点与线、线与线之间的关系创建直线、圆弧和圆
4	艺术样条		通过拖放定义点或极点并在定义点指派斜率或曲率约束，动态创建和编辑样条

续表

序号	命令	图标	功能含义
5	螺旋		创建具有指定圈数、螺距、半径或直径、转向及方位的螺旋
6	文本		通过（指定的字体）读取文本字符串并生成线条和样条作为字符外形，创建文本作为设计元素
7	曲面上的曲线		在面上直接创建曲面样条特征
8	规律曲线		通过使用规律函数来创建样条
9	偏置曲线		偏置曲线链
10	投影曲线		将曲线、边或点投影到面或平面上
11	相交曲线		创建两个对象集之间的相交曲线
12	桥接曲线		创建两个对象之间的相切圆角曲线
13	修剪曲线		按选定的边界对象修剪、延伸或分割曲线
14	曲线长度		在曲线的每一端延长或缩短一段长度，或使其达到某个曲线总长
15	X 型		编辑样条或曲线的极点或点
16	有界平面		由封闭曲线创建平面片体
17	直纹		在直纹形状为线性转换的两个截面之间创建体
18	通过曲线组		通过多个截面创建体
19	通过曲线网格		通过一个方向的截面网格和另一个方向的引导线创建体
20	艺术曲面		用任意数量的截面和引导线串创建曲面
21	N 边曲面		由封闭曲线创建曲面
22	抽取几何特征		为同一部件中的体、面、曲线、点和基准创建关联副本
23	偏置曲面		通过偏置一组面创建体
24	修剪片体		减去片体的一部分
25	缝合		通过将公共边缝合在一起来组合片体，或通过缝合公共面来组合实体
26	加厚		通过为一组面增加厚度来创建实体

5. 装配命令

序号	命令	图标	功能含义
1	添加组件		选择已加载的部件或磁盘中的部件，将组件添加到装配
2	新建组件		新建一个组件，并将其添加到装配中
3	阵列组件		将一个组件复制到其他阵列中
4	镜像装配		创建选定组件的镜像版本
5	移动组件		移动装配中的组件
6	装配约束		通过指定约束关系，相对装配中的其他组加重定位组件
7	新建爆炸		新建爆炸图，可重定位组件生成爆炸图
8	编辑爆炸		重定位当前爆炸图中选定组件
9	自动爆炸组件		基于组件的装配约束重定位当前爆炸中的组件
10	取消爆炸组件		将组件恢复到原先未爆炸的位置
11	删除爆炸		删除未显示在任何视图中的爆炸图
12	追踪线		指示组件的装配位置
13	新建图纸页		新建图纸页
14	视图创建向导		对图纸页添加一个或多个视图
15	基本视图		在图纸页上创建基于模型的视图
16	投影视图		从任何父视图创建投影正交或辅助视图
17	局部放大图		创建局部放大视图
18	断开视图		创建断开视图
19	剖切线		创建基于草图的、独立的剖切线
20	剖视图		创建剖视图
21	展开剖视图		创建展开剖视图
22	局部剖视图		创建局部剖视图
23	注释		创建注释

续表

序号	命令	图标	功能含义
24	特征控制框		创建单行、多行或复合的几何公差特征控制框
25	基准符号		创建基准符号
26	符号标注		创建符号标注
27	表面粗糙度		创建表面粗糙度
28	编辑文本		编辑注释的文本和设置
29	中心标记		创建中心标记
30	剖面线		在指定范围内创建剖面线
31	区域填充		对指定范围进行填充

6. 程序编制命令

序号	命令	图标	功能含义
1	创建刀具		新建刀具对象，该对象显示在工序导航器的机床视图中
2	创建几何体		新建几何组对象，该对象显示在工序导航器的几何视图中
3	创建工序		新建工序，该工序显示在工序导航器的所有视图中
4	创建程序		新建程序，该对象显示在工序导航器的程序视图中
5	创建方法		新建方法组对象，该对象显示在工序导航器的加工方法视图中
6	生成刀轨		为选定工序生成刀轨
7	确认刀轨		确定选定的刀轨并显示刀运动和除料
8	机床仿真		使用定义的机床仿真刀轨
9	后处理		对选定的刀轨进行后处理
10	车间文档		创建一个加工工序报告，其中包括刀具几何体、加工顺序和控制参数